Zu diesem Buch

Vom Wetter reden wir alle: Wir möchten es gern vorher wissen, wir führen darauf unser Kopfweh zurück, von ihm hängt es ab, wie hoch unsere Heizungskosten sind – das Wetter gehört zu den Grundvoraussetzungen unseres Lebens. Aber wer versteht etwas davon?

Die Wissenschaft vom Wetter – die Meteorologie – ist eine noch verhältnismäßig junge Wissenschaft. Wettervorgänge sind physikalische Tatsachen, die physikalischen Gesetzen gehorchen. Aber überaus kompliziert sind die Zusammenhänge, übergroß ist die Zahl der Bedingungen, von denen sie abhängen. Erst die modernsten Methoden der Beobachtung (mit Radar und Wettersatelliten), die Nachrichtenübermittlung (durch Funk und Fernschreiber) und die Verarbeitung zahlloser Einzelinformationen (durch Computer) eröffnen jetzt die Möglichkeit, sie in ihren Zusammenhängen zu erkennen.

Eben diese Zusammenhänge stellt dieses Buch in einer Weise vor, die auch dem ein Verständnis ermöglicht, der «nichts von Mathematik und Physik versteht». Es wird den Leser nicht instand setzen, das Wetter vorauszusagen. Aber es macht ihm begreiflich, wie es zu Wind und Wolken, zu Niederschlägen und Gewittern, zu Aprilwetter und Herbststürmen, zu Föhn und Tornados kommt. Wetter wird für ihn nicht mehr ein willkürliches Geschehen sein, sondern ein Naturvorgang, den wir zwar noch nicht restlos überschauen und beurteilen können, der aber weder unserem Verständnis noch einer zuverlässigen Vorhersage unüberwindliche Hindernisse entgegenstellt.

Der Autor, Dr. H.-J. Tanck, geb. am 5. April 1911 in Brunau in der Altmark, arbeitete als Meteorologe für die Deutsche Seewarte und die alte und neue Deutsche Lufthansa, die er auch bei internationalen Organisationen der Luftfahrt und der Meteorologie vertreten hat. Seit 1962 unterrichtet er an See- und Luftfahrtschulen.

Hans-Joachim Tanck

Meteorologie

Wetterkunde
Wetteranzeichen
Wetterbeeinflussung

rororo Rowohlt

rororo tele

Information und Bildung
Herausgegeben von Dr. Gerhard Szczesny
in Zusammenarbeit
mit den Dritten Programmen des deutschen Fernsehens

Die von unseren Fernsehanstalten produzierten Bildungsprogramme bieten ein Informations- und Anschauungsmaterial, das von fachkundigen Autoren nach dem neuesten Stand der Forschung ausgewählt und einprägsam vermittelt wird. Die rororo tele-Reihe legt die interessantesten naturwissenschaftlichen und technischen, literarischen und politischen Sendefolgen aller deutschsprachigen Fernsehbildungsprogramme vor. Der Vorzug dieser Taschenbuchreihe besteht darin, daß ihr Text der anschaulichen Form der Fernsehdarstellung folgt. In jedem Band wird das betreffende Thema selbständig behandelt, so daß es zu seinem Verständnis keiner speziellen Vorkenntnisse oder Hilfsmittel bedarf. So können auch Leser, die eine Fernsehserie nur teilweise oder gar nicht gesehen haben, den gesamten Stoff ohne Schwierigkeit erfassen. Jedes Taschenbuch enthält den ungekürzten Text, über 70 Abbildungen aus den Sendungen und in vielen Fällen noch ergänzendes Material; außerdem Sach- und Personenregister zur raschen Orientierung sowie Literaturhinweise zur Erweiterung des erworbenen Wissens.

1.–25. Tausend Mai 1969
26.–35. Tausend Juli 1970

Diesem Band liegt eine Sendefolge von Dr. Hans-Joachim Tanck unter Mitarbeit von Hans-Jürgen Brandt zugrunde, die erstmals vom 3. Fernsehprogramm des Norddeutschen Rundfunks produziert wurde.
Redaktion Bernhard Bauer, Joachim Hauschild, Wolfgang Hermann, München
Umschlagentwurf Werner Rebhuhn unter Verwendung eines Fotos von Günter Brinkmann. Das Foto zeigt den aufschießenden Wolkenturm eines Gewitters.

Satz Alfred Utesch, Hamburg
Druck und buchbinderische Verarbeitung Clausen & Bosse, Leck/Schleswig
Printed in Germany
ISBN 3 499 60003 X

Inhalt

Bild 1: Bild der Erde, von der Apollo-Kapsel aus auf dem Mondflug am 26. 12. 68 aufgenommen. Wolkenfelder mit Wirbelstruktur beherrschen das Bild. Der dunkle, wolkenfreie Gürtel ist der subtropische Hochdruckgürtel von der Karibischen See bis zu dem Kap Verde/Westafrika, fast schon im Abendschatten. Das dunkle Feld wird durch den schmalen Wolkenstreifen der intertropischen Front nach Süden begrenzt. Der Erdteil Südamerika schimmert durch.

Wetterkarte

Zu den allgemeinsten grundlegenden Voraussetzungen unseres Lebens gehört das Wetter. Von ihm hängen unsere Gesundheit, unsere Stimmungen, unsere Lebens- und Arbeitsweise und oft auch die Ergebnisse unserer Arbeit ab. «Alle reden vom Wetter», erklärt unsere Bundesbahn zutreffend, wenn sie aber stolz hinzusetzt: «Wir nicht», gilt das gerade noch für ihren Umgang mit den Kunden, keineswegs mehr für ihren Betrieb selbst. Innerhalb ihres Betriebs muß ebenfalls ständig vom Wetter «geredet» werden.

Das Wetter vorherzusehen oder womöglich gar vorherzubestimmen, haben die Menschen seit urdenklichen Zeiten versucht. An Bauernregeln und Bittprozessionen glaubt man manchmal noch heute. Seit der «Erfindung» wissenschaftlichen Denkens sind aber an die Stelle von Aberglauben überlegte Beobachtung und zielstrebige Schlußfolgerung getreten. Die Wissenschaft vom Wetter nennt man Meteorologie. Sie erforscht die physikalischen Zusammenhänge in der Erdatmosphäre.

Dem Normalverbraucher von Wetter am bekanntesten sind die meteorologischen Informationen, die er täglich der Wetterkarte seiner Zeitung entnehmen kann. Außer der Zeitungswetterkarte gibt es aber auch die Fernsehwetterkarte, und hier ist es besonders die des Ersten Programms nach der Tagesschau, von der sich wohl die meisten ins Bild setzen lassen.

Die Herstellung einer solchen Fernsehwetterkarte erfolgt nach den genauen Angaben des Wetteramts Frankfurt im sogenannten Phasentrick, Bild für Bild, im Trickatelier des Hessischen Rundfunks in Frankfurt. Die Trickdarstellungen, wie die von Temperatur-, Wolken- oder Windangaben, sind mit dem Wetteramt vereinbart. Die bewegte Darstellung des Regens z. B. wird durch eine Handkurbel oder durch Schabloneverschieben erzeugt. Bild für Bild filmt oder fotografiert die Kamera. Unter der Thermometerschablone markiert später ein Schieber die schwankende Temperatur: den höchsten und niedrigsten Stand am Tage.

Wetterkarten werden natürlich auch in der Fachwelt benutzt. Die Meteorologen erarbeiten das Wetterbild aus Wetterkarten. Dafür dient als grundlegende Karte die *Bodenwetterkarte* (Bild 2 und 4). Alle Informationen, die dort eingetragen sind, stellen Gleichzeitigkeitsbeobachtungen dar: Sie stammen alle vom gleichen Termin, bezogen auf Londoner (Greenwich-) Zeit. Die Meteorologen bezeichnen eine solche Gleichzeitigkeitsbetrachtung als *Synopsis* (Zusam-

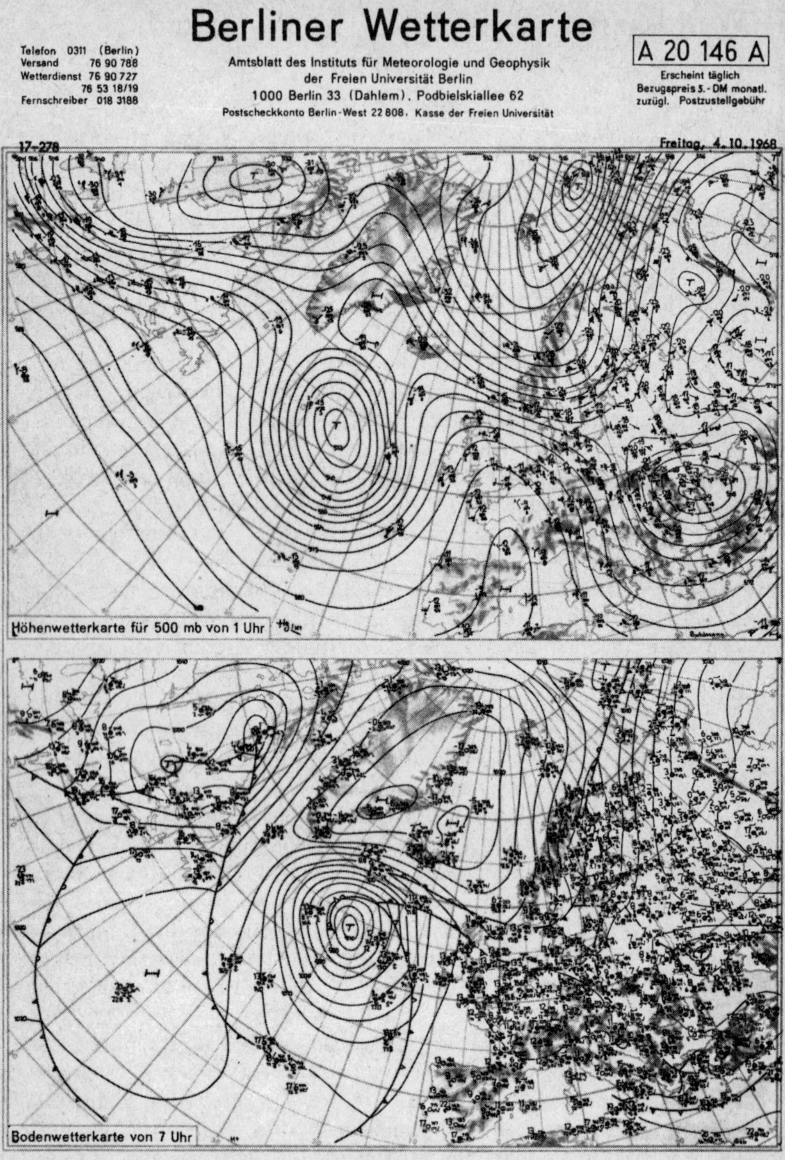

Berliner Wetterkarte

Telefon 0311 (Berlin)
Versand 76 90 788
Wetterdienst 76 90 727
76 53 18/19
Fernschreiber 018 3188

Amtsblatt des Instituts für Meteorologie und Geophysik
der Freien Universität Berlin
1000 Berlin 33 (Dahlem), Podbielskiallee 62
Postscheckkonto Berlin-West 22 808, Kasse der Freien Universität

A 20 146 A
Erscheint täglich
Bezugspreis 5.- DM monatl.
zuzügl. Postzustellgebühr

17-278 Freitag, 4. 10. 1968

Bild 2: Berliner Wetterkarte vom 4. 10. 68. Höhen- und Bodenwetterkarte zeigen ein ausgedehntes atlantisches Tief

Bild 3: Wolkenfoto des Wettersatelliten ESSA 6 vom 4. 10. 68, aufgenommen aus 1420 Kilometer Höhe, zum Vergleich mit der Wetterkarte Bild 2

menschau). Sie ist die Grundlage der wetterdienstlichen Arbeit. Mit Hilfe eines weitgespannten Nachrichtennetzes wird eine große Anzahl von Einzelinformationen über die Wetterbeobachtungen in der ganzen Welt bereitgestellt, die schließlich in einer Wetterkarte zusammengefaßt werden.

Jede dieser Wetterkarten entsteht zunächst einmal aus den Ergebnissen instrumenteller Messungen und persönlicher Beobachtungen des örtlichen Wetters. Meßdaten liefern z. B. die Messungen der Temperatur am Boden und in der in 2 Meter Höhe aufgestellten *Wetterhütte*, des Luftdrucks, der Luftfeuchtigkeit, der Windrichtung und -stärke, der Niederschlagsmenge pro Tag. Gemessen wird an Ableseskalen oder durch automatische Aufzeichnungen. In den Wetterhütten (Bild 5), die immer nach Norden geöffnet sind, also der Sonne abgewandt, befinden sich Thermometer und Hygrometer. Mit ihnen werden die aktuelle und die jeweils höchste und niedrigste Tagestemperatur gemessen und ebenso die Luftfeuchtigkeit. Die

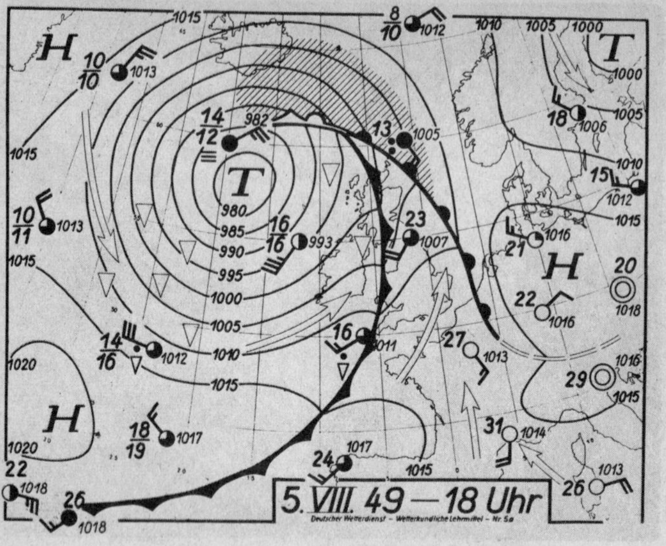

Bild 4: Eine Bodenwetterkarte. Eingetragen sind eine Auswahl von Wetterstationen mit ihren Beobachtungen. Die fetten Zahlen nennen die Temperatur; von zwei übereinanderstehenden bedeutet die obere die Temperatur der Luft, die untere die des Wassers an der Seeoberfläche

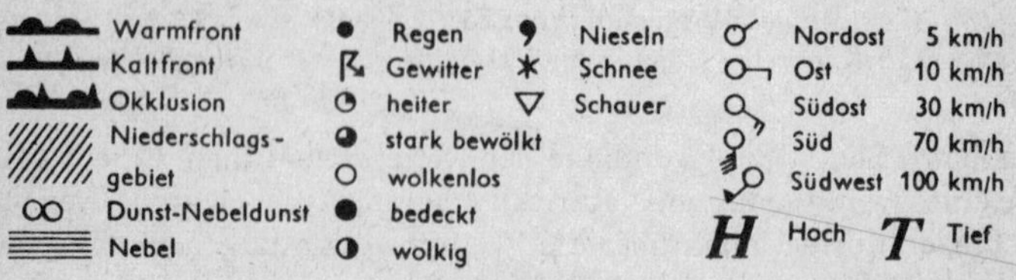

Meßwerte werden über ein Kabel direkt in der Wetterstation zur Anzeige gebracht. Ein Druck auf einen Knopf, und schon kann man die Temperaturwerte ablesen oder die Feuchtigkeit. Der Einzelablesung zieht man neuerdings mehr und mehr automatische Schreibgeräte vor.

Doch Beobachtungen in Bodennähe genügen nicht. Auch die Luft in der Höhe wird durch Messung erfaßt: Temperatur, Luftdruck, Feuchtigkeit, Windstärke und -richtung werden regelmäßig kontrolliert. Dazu verwendet man als Meßinstrumente die *Radiosonden* (Bild 6). Ein kleiner Funksender, der von einem Ballon in die Höhe getragen wird, meldet die Meßergebnisse direkt an die Bodenstation. Der Ballon, an dem ein Radarreflektor hängt, wird vom Wind davon-

Bild 5: Eine Wetterhütte. Alle Wetterhütten auf der Erde sind ihrer Auslegung und Ausstattung nach standardisiert: weiß gestrichene Jalousiewände, allseits luftdurchlässig, 2 Meter hoch über dem Boden. In ihnen werden Temperatur und Feuchtigkeit der Luft gemessen

Bild 6: Ein Radiosondengespann. Unter dem Ballon der pyramidenförmige, mit Aluminiumschablone bezogene Radarreflektor sowie ein kleiner zusammengeklappter Fallschirm für den später zurückfallenden eigentlichen Radiosondenkörper, einen Kunststoffbehälter, in dem drei meteorologische Meßfühler und ein Funksender untergebracht sind

getrieben; der Reflektor ermöglicht einem Radargerät die Verfolgung. Aus der jeweiligen Entfernung, dem Azimut (dem Winkel zur Nord-Süd-Linie) und dem Höhenwinkel (zwischen Radargerät und Reflektor einerseits und der Horizontalen andererseits) berechnet man die Richtung und Stärke des Höhenwindes. Der Ballon darf nach seiner Landung verlorengehen, seine Meßdaten sind schon ausgewertet, bevor er herunterfällt. Nach den gefunkten und schriftlich fixierten Meßdaten zeichnen Wetterdienstfachkräfte ein *Radiosondendiagramm.* Es beschreibt den Verlauf von Temperatur, Luftdruck und Luftfeuchtigkeit mit der Höhe. Mit Hilfe eines Rechenschiebers wird aus der Ballonbahn der Höhenwind bestimmt.

Alle errechneten Werte werden über Fernschreiber an eine zentrale Sammelstelle übermittelt, bei uns an den Deutschen Wetterdienst in Offenbach. Dazu dient ein Zahlenschlüssel, den die Meteorologen in der ganzen Welt benutzen.

In Offenbach werden nicht nur die Angaben der deutschen meteorologischen Stationen gesammelt; hier treffen aus der ganzen Welt Meldungen über das Wetter ein. Die Fernschreiber melden in ihrem

Zahlenschlüssel die Temperaturen, die Windstärken und anderen Wetterbedingungen. Offenbach als Zentralamt steht mit den Wetterzentralen anderer Länder in enger Verbindung, politische Grenzen (auch einen «Eisernen Vorhang») gibt es für den internationalen meteorologischen Nachrichtendienst nicht. Täglich erreichen den deutschen Wetterdienst über 600 000 meteorologische Meßwerte aus der ganzen Welt. Zweimal am Tag werden von hier aus insgesamt 1,7 Millionen Meßwerte (davon eine halbe Million eigene) gesendet. Die besondere Stellung Offenbachs ergibt sich aus seiner politischen und geographischen Lage. Zur östlichen Welt hält es Verbindung über Potsdam: Vier- bis achtmal täglich wird das Meldegut der westlichen Welt mit dem der östlichen, einschließlich Chinas, ausgetauscht. Ein eigenes Fernkabel verbindet Offenbach aber auch direkt mit Washington. Eine dritte Verbindung reicht zur Südhalbkugel der Erde über Nairobi nach Südafrika.

In Offenbach werden die Meldungen sofort innerhalb des Hauses verteilt. Zunächst wandern sie in die *Synoptik*. In dieser Abteilung wird die Bodenwetterkarte gezeichnet. Ein Wetterdiensttechniker muß die Meldungen des Zahlenschlüssels als Symbole in eine Wetterkarte übertragen. Er zeichnet die Wetterkarte vor. Manchmal arbeiten mehrere Zeichner an einer Wetterkarte, die ja schon zwei Stunden nach dem Beobachtungstermin fertig sein muß.

In Offenbach wird alle drei Stunden eine Wetterkarte hergestellt. Aus diesen Karten wird dann die *Wettervorhersagekarte* für den nächsten Tag erarbeitet, gedruckt, verschickt oder funktelegrafisch über einen Bildschreiber verbreitet.

Die Meteorologie für höhere Luftschichten hat einen besonderen Namen, sie wird *Aerologie* (Luftkunde) genannt. Aufgabe der Aerologie ist es, Höhenwetterkarten zu konstruieren.

Für die Erstellung von *Höhenwetterkarten* (Bild 2) ist in Offenbach bereits die Technik der elektronischen Datenverarbeitung eingesetzt. Ein Operator (Nachrichtentechniker) klebt die Lochstreifen mit den Angaben über die Höhenwetterlage zu einem fortlaufenden Band zusammen. Diese Informationen werden zunächst auf ein Magnetband übertragen. Der Computer (die Datenverarbeitungsmaschine) entschlüsselt die Informationen, sortiert sie grob, später fein. Pro Sekunde werden 833 Lochstreifeninformationen (*Charaktere* genannt) verarbeitet. Noch fehlende Angaben gibt der Operator über ein Steuerpult nach, oder er beauftragt den Computer, ohne Rücksicht darauf weiterzuarbeiten.

Seine Ergebnisse werden wieder auf ein Magnetband aufgezeichnet. Dieses, der *Wetterkartentape* (tape: Magnetband), wird in den Abtastschrank für den automatischen Wetterkartenzeichner eingesetzt. Ein automatischer Schreiber (er wird mit einem englischen Wort *Plotter* genannt) beschreibt einen auf einen Zeichentisch aufgelegten Vordruck. Er überträgt die verarbeiteten Daten auf die Wetterkarte, dazu Herstellernamen, Wetterkartenart, Tag und Stunde. Nach diesem Arbeitsgang entwirft er die Kurven der Luftdruckverteilung auf einen verkleinerten Vordruck, der dann später fotografisch vergrößert und von einem Meteorologen mit dem gebräuchlichen Maßstab auf die Wetterkarte übertragen wird.

Die meteorologischen Beobachtungsdaten kommen heute aus verschiedenen «Ebenen». Bisher wurden die konventionelle Ebene des Erdbodens vorgestellt und eine zweite Ebene der Ballonmessung. Eine andere Ebene eröffnete sich mit der Radartechnik. Sie ermöglicht, sich eingehender mit der Wolkenphysik zu befassen und Vorgänge in der Wolke zu verfolgen, die von außen nicht immer erkennbar sind (Bild 7). Es besteht das Interesse, ein hinreichend großes Radarnetz, etwa über einem Raum wie Europa, aufzubauen und durch Radar ständig die Wolken auch im Innern zu kontrollieren. Hierdurch können zusammengefaßte Muster von verschiedenen Radarschirmen hergestellt werden: eine neue, eine mittlere Beobachtungsebene in Höhe der mittleren Wolkenhöhe.

Eine weitere Beobachtungsebene ist die Wolkenobergrenze. Diese Fläche ist uns durch die Satelliten zugänglich geworden. Satelliten, die in 1400 Kilometer Höhe über dem Erdboden kreisen, schauen auf die Wolkenobergrenze herunter. Wolkenbilder, von Satelliten aufgenommen (Bild 3), werden bereits gesammelt und international verbreitet. Stationen mit entsprechenden Empfangsanlagen (so das *Zentralamt des Deutschen Wetterdienstes in Offenbach*) können diese Bilder vom Satelliten abnehmen, während er sie überfliegt.

Von den Amerikanern in den Himmel geschossen, senden die Satelliten ihre Meßdaten zu den Bodenstationen. Aus Amerika werden durch Funk Umlaufbahn und -zeit der Wettersatelliten angegeben. Diese Funkangabe hält man in Offenbach auf einem Lochstreifen fest. Der Lochstreifen richtet die Empfangsantennen für den Satelliten genau aus, damit sie seinen Stand erfassen und seine Wolkenbilder einfangen können. In zwei Stunden umkreist ein Satellit die Erde. Er ist nur auf vier Folgebahnen am Tage, bevorzugt in den Morgenstunden, für je 15 bis 20 Minuten zu empfangen. In einem vollautomatischen Gerät werden seine elektronischen Informationen in optische umgesetzt und ergeben ein klares Bild vom fotografierten Bereich der Erde. Bei einem Überflug werden für jeweils drei Bilder die Angaben zur Bodenstation heruntergeschickt. Das Satellitenbild zeigt außer Wolkenfeldern auch geographische Konturen, schneebedeckte Hochgebirgslandschaften, Küstenlinien oder verschneite

Flächen in polaren Gebieten. Die Wolken ordnen sich in weißen Bändern oder in aufgelockerten fleckigen Feldern. Auf die Wolkenbilder des Satelliten trägt man nach der Karte und den berechneten Umlaufinformationen die geographischen Breiten- und Längengrade ein.

Die Wolkenbilder des Satelliten werden der Bodenwetterkarte zugeordnet und ergänzen sie. Alle Wettersatellitenfotos ergeben zusammen mit der Wetterkarte ein Bild vom jeweiligen Wetter des Tages. Bodenwetterkarte, Satellitenfotos, Höhenwetterkarte, Wettervorhersagekarte vermitteln dem Meteorologen, dem Piloten, dem

Bild 7: Isoechokonturen auf einem Radarschirm in Montreal. Das Gerät hat 100 Landmeilen Rundsicht und erfaßt den aus der Wolke fallenden Niederschlag. Das vom Niederschlag zur Radarstation zurückkehrende Echo erzeugt unterschiedliche Flächenbetonung, ein unmittelbares Maß für Niederschlagsdichte und Größe der Niederschlagstropfen, damit also die Niederschlagsmenge

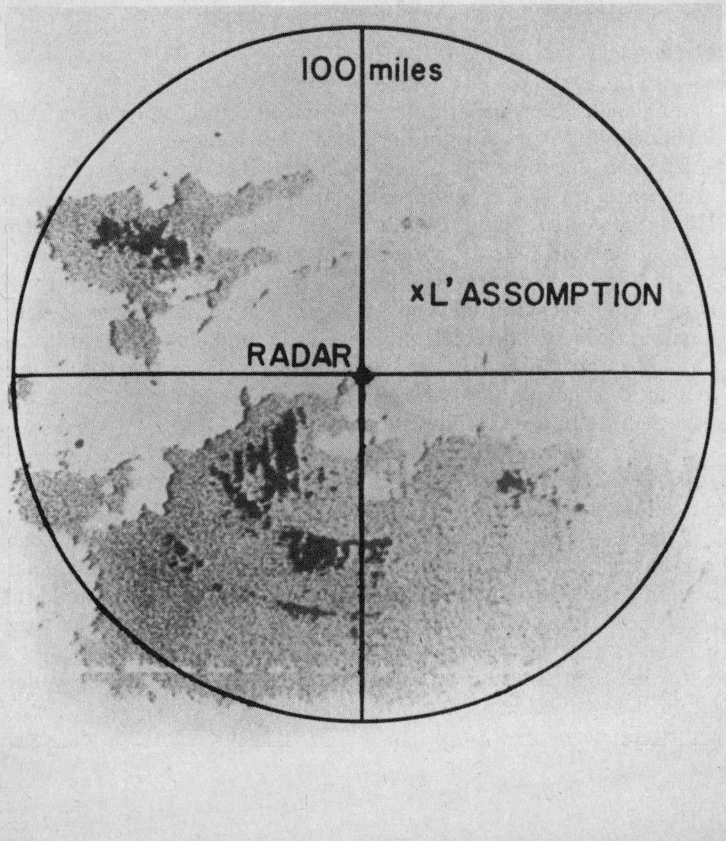

Bild 8: Ein Beispiel der Symbolsprache einer Wetterstation

Bauingenieur, dem Bauern, dem Gärtner und nicht zuletzt dem Urlauber ein Bild von der zu erwartenden Wetterlage.

Zu einer Bodenwetterkarte ist noch eine Erklärung der Luftdruckangaben wichtig. Der Luftdruck wird ja jeweils in verschiedenen Höhen gemessen. Nun ist natürlich die Atmosphäre mitsamt ihrem Druck (Gewicht) über der Meeresküste höher als über einem Gebirge. Wenn man nun die abgelesenen Barometerwerte ohne weiteres in eine Wetterkarte einträge, würden sich in den hochgelegenen Gegenden immer Tiefdruckgebiete ergeben. Es ist deshalb erforderlich, die Ortshöhe dabei auszuschalten. Man reduziert die örtlichen Messungen auf das Meeresniveau, *Normalniveau* (NN) genannt. Dies ist die Bezugsebene für die Bodenwetterkarte.

Eine Bodenwetterkarte kommt dem Laien wie eine Hieroglyphenschrift vor. Es ist eine Fülle von Einzelbeobachtungen, die auf ihr durch Symbole und Ziffern niedergelegt sind.

Die verschiedenen Bedeutungen der einzelnen Symbole ergeben eine sehr breite Aussage über das herrschende Wetter an einer Station. Lesen wir einmal aus der Symbolsprache einer Wetterkarte (Bild 8, vgl. dazu die Zeichen bei Bild 4) eine Wetterschilderung heraus:

An der Station (großer Kreis mit senkrechtem Strich) war der Himmel fast bedeckt (Kreis fast ausgefüllt, nur heller Strich senkrecht). Es herrschte Nordwestwind (Flaggenstock am Stationskreis nach Nordwesten gerichtet) in Sturmesstärke, nämlich mit Windstärke 10 (Wimpel am Flaggenstock). Übrigens haben sich die Meteorologen in der ganzen Welt neuerdings darauf geeinigt, die Windstärke in Knoten anzugeben; 1 Knoten ist 1 Seemeile (1,85 km) pro Stunde.

Das auf der Spitze stehende Dreieck mit einem Punkt darauf sagt aus, daß Schauer an der Station fallen, und zwar Regenschauer; die Zahl 70 daneben, daß die Sicht 20 Kilometer beträgt. (70 ist eine Schlüsselzahl; um auf die tatsächliche Kilometerangabe zu kommen, zieht man von ihr bei Sicht über 5 Kilometer 50 ab.) Die 10 darunter nennt die Taupunkttemperatur, die Temperatur, bei der die Luft mit Wasserdampf gesättigt ist (soviel wie 100 Prozent relative Luftfeuchtigkeit). In Verbindung mit der Lufttemperatur (15 Grad, die Zahl neben dem Windsymbol) gibt sie das Maß für die Feuchtesättigung der Luft ab. (Temperaturangaben hier wie im folgenden immer in Celsius.)

Es herrschte Quellbewölkung, weit aufgetürmt und sich in einer höheren Luftschicht ausbreitend (die beiden Symbole oberhalb und unterhalb des Stationskreises). Die 6 neben dem unteren Symbol bedeutet $^6/_8$ Bedeckung des Himmels mit den eigentlichen Schauerwolkentürmen, ohne die mittelhohe Ausbreitungsschicht, die 10 darunter (Schlüsselzahl für 1000 Fuß, 328 Meter) gibt die Höhe der Untergrenze der Wolkentürme über dem Gelände des Beobachters an.

Das kommaartige Zeichen bedeutet, daß in den letzten drei bis sechs Stunden Nieselregen geherrscht hat, bevor der Regenschauer anfing. Als Wert für den Luftdruck, bezogen auf Normalniveau, sind 1007,5 *Millibar* (mb) angeschrieben (075). Das Millibar, die heute gebräuchlichste Luftdruckgröße der Meteorologen, ist der tausendste Teil eines Bars. Die physikalische Einheit 1 Bar entspricht ungefähr der technischen Maßeinheit 1 Atmosphäre. Früher maß man den Luftdruck in Millimetern der Quecksilbersäule (wie hoch der Luftdruck das Quecksilber in einer Glasröhre drückte) — der mittlere Wert des Luftdrucks im Normalniveau beträgt dabei 760 Millimeter (für Millimeter Luftdruck wurde der Ausdruck *Torr* eingeführt, also 760 Torr) — das entspricht 1013 Millibar. Schließlich wird noch ausgesagt, daß der Luftdruck in den letzten drei Stunden um 2,7 Millibar gefallen ist (27), bevor er wieder zu steigen begann (Winkelhaken).

Der Wind hat zu den Luftdruckfeldern Hoch und Tief eine besondere Beziehung. Diese Beziehung ist in Bild 9 angedeutet. In ihr ist das Windsymbol in eine geographische Karte eingetragen, bei der eine Flußlandschaft die Erklärung unterstützen soll. Bei einer Flußlandschaft unterscheiden wir ein linkes und ein rechtes Flußufer,

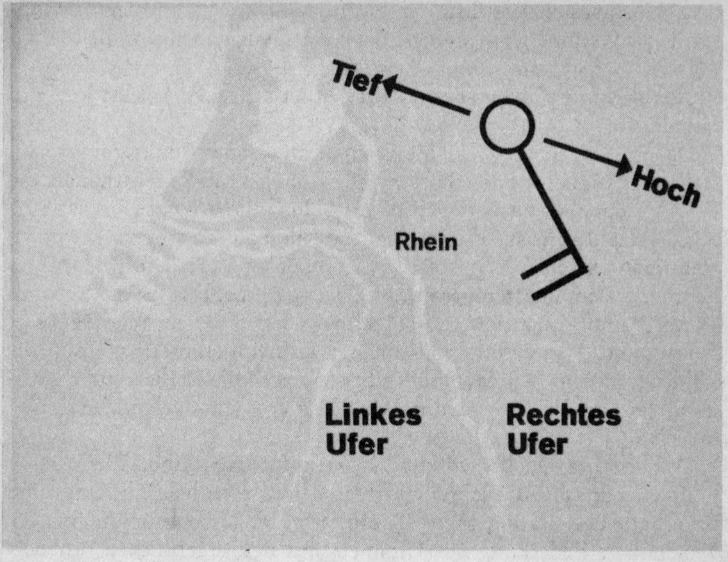

Bild 9: Wie bei einem Fluß spricht man auch bei einem Wind von Links und Rechts, indem man in die Richtung der Strömung sieht

indem wir uns mit dem Gesicht flußabwärts richten. Der Wind wird zwar mit der Richtung bezeichnet, aus der er kommt. Aber für Links- und Rechtsunterscheidung blicken wir in die Richtung, in die der Wind geht.

In unserem Bild haben wir einen Südostwind. Zugehörig sind Tief- und Hochdruckgebiete in dem Sinne, daß ein Tiefdruckgebiet links voraus und ein Hochdruckgebiet rechts zurück liegt. Darauf weisen auch die Linien hin, die den Wetterkarten ihr eigentümliches Aussehen geben, die *Isobaren.* Das sind Linien gleichen Luftdrucks, bezogen auf Normalniveau. Sie bestimmen Windrichtung und Windstärke in einer Weise, von der in der Folge über den Wind noch die Rede sein wird. Hier zunächst nur, daß der Wind nahezu parallel zu den Isobaren läuft und daß er um so stärker ist, je enger die Isobaren stehen.

In der Höhenwetterkarte, die vor allem im Flugwetterdienst gebraucht wird, heißen die entsprechenden Linien, die Hoch- und Tieffelder markieren, *Isohypsen.* Isohypsen sind Linien gleicher Höhe. Sie werden auch in geographischen Karten verwendet, um ein Landschaftsrelief zu beschreiben. Solche Karten werden Topographien genannt, und auch die Meteorologen nennen ihre Höhenwetterkarten Topographien. Auf ihnen ist angegeben, für welchen Luftdruck sie gelten. Es gibt also Höhenwetterkarten für verschiedene Luftdruckgrößen, beispielsweise eine für 500 Millibar. Ein solcher Luftdruck herrscht im Durchschnitt in einer Höhe von 5000 Metern. Die Isohypsen in der Höhenkarte für die 500-Millibar-Fläche verbinden also die Orte gleicher Höhe, an denen ein Luftdruck von 500 Millibar herrscht.

Hoch und Tief

Wetterkarten sind das Mittel, mit dem man die räumliche Verteilung des Wetters darstellt. Im Vergleich zu Landkarten haben sie eine noch recht junge Geschichte.

Vor etwa 150 Jahren hatte Professor Brandes, Mathematiker und Physiker in Breslau, die Idee, daß man einzelne Wetterbeobachtungen in ihrer räumlichen Verteilung darstellen sollte, um daraus nähere Aufschlüsse über großräumige atmosphärische Vorgänge zu bekommen. Er schrieb eine Dissertation *‹Über die ungewöhnlichen Variationen der Atmosphäre und ihres Druckes›* und hat darin auch einige Methoden solcher Darstellungen vorgeschlagen. Auf einer Seite dieser Dissertation (die übrigens noch lateinisch, in der damaligen Gelehrtensprache, geschrieben ist) befindet sich sozusagen die «Urwetterkarte» vom 6. März 1783, die allererste Karte, die räumliche Verteilungen des Luftdrucks zeigt oder doch an einzelnen Beobachtungsstationen seine Abweichungen vom Normalwert in Europa, im Norden bis Bergen und Oslo hinauf, nach Westen Südostengland einschließend.

Diese Anregung haben französische Wissenschaftler wenige Jahre später zum Anlaß genommen, zum erstenmal das Feld der Einzelstationen von Brandes mit Linien gleichen Drucks auszufüllen. Sie haben nach den Werten von Brandes eine Wetterkarte gezeichnet, in der sie Linien gleicher Werte, hier der Abweichungen vom Normalwert des Drucks, eingetragen haben, wodurch ein Feld von Isobaren (Linien, Orte mit gleichem Luftdruck verbindend) entstand (Bild 10), von denen schon auf Seite 18 die Rede war.

Ihre Karte enthält auch Windrichtungspfeile. Es zeigt sich, daß der Wind einen ganz bestimmten Bezug zu den vorhandenen Druckfeldern hat.

Hinzu kommt ein zweiter, sehr wichtiger Umstand: Das Zusammentragen von Wetterbeobachtungen aus räumlich sehr entfernten Gebieten war damals schier unüberwindlich schwierig. Man muß bedenken, daß es zu jener Zeit noch keine Fernsprech- oder Funktechnik, ja noch nicht einmal eine Eisenbahn gab. Solche Meldungen zu sammeln war nur auf dem Weg der damaligen Pferdepost möglich. Die Gleichzeitigkeit meteorologischer Beobachtungen ist aber unerläßlich, wenn man Winde und Luftdruckfelder einander zuordnen will. Sie war auch damals schon durchaus möglich, nur hätte es Wochen gedauert, die Einzelmeldungen zu einem Vergleich zu vereinigen.

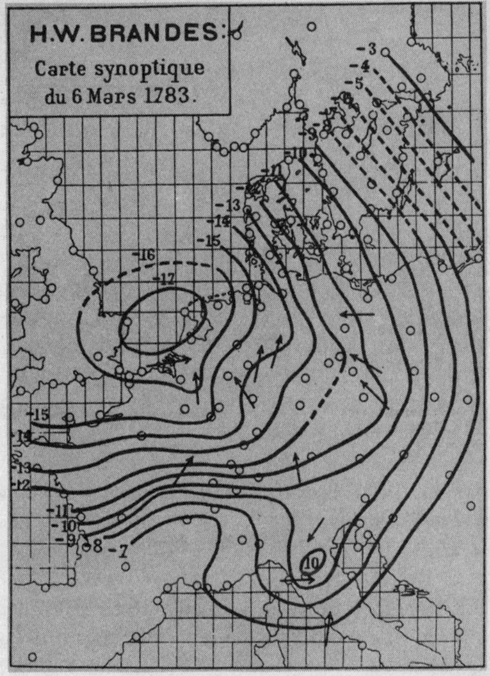

Bild 10: Die erste Bodenwetterkarte, nach Angaben des Breslauer Professor Brandes von französischen Meteorologen konstruiert

Um gleichzeitige Beobachtungen allen interessierten Stellen bequem zugänglich zu machen, hat man sich seit langem schon auf eine für die ganze Welt einheitliche Zeit geeinigt, auf die Ortszeit des nullten Längengrades. Das ist der Meridian von Greenwich bei London, und die zugehörige Zeit wird deswegen *Mittlere Greenwich-Zeit* genannt.

Da unsere Erde sich täglich einmal um sich selbst von West nach Ost dreht, geht die Sonne früher durch den Mittagsmeridian aller Stationen, die jeweils östlich liegen. Die Ortszeit einer meteorologischen Beobachtung, also ihre jeweilige Tageszeit, ist demnach von der Ortszeit Londons, der Weltzeit für meteorologische Meßtermine, verschieden. Ihre Umrechnung ist jedoch einfach, ebenso, dank der Funktechnik, ihre fast augenblickliche Übermittlung.

Neben der Gleichzeitigkeit ist eine zweite Gleichheit erforderlich. Alle Druckwerte, die in Form von Isobaren in Wetterkarten eingetragen sind, müssen auf ein und dieselbe Höhe bezogen werden. Als Höhe wurde die mittlere Meereshöhe gewählt, die man *Normalniveau* (NN) nennt. So erhalten wir vergleichbare Druckgebilde. Eins

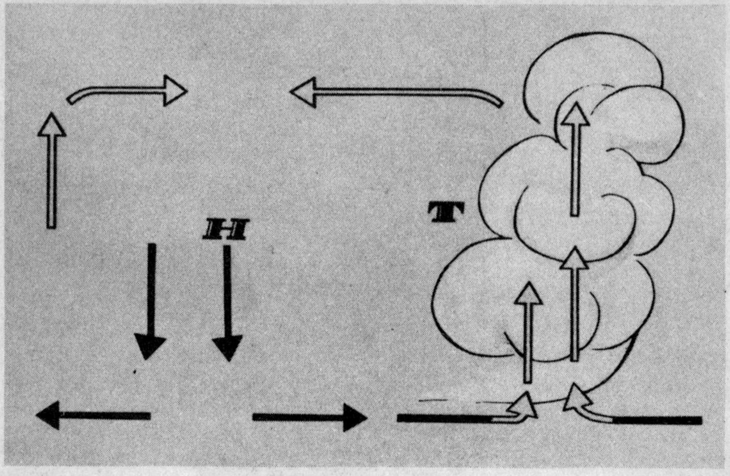

Bild 11: Der Kreislauf der Luft zwischen Hoch- und Tiefdruckgebieten, vereinfacht. Nur kleinräumig, wie zwischen Land und See, folgt die Luftzirkulation unmittelbar dem Luftdruckgefälle

mit hohem Luftdruck nennen wir ein *Hochdruckgebiet* oder einfach ein *Hoch*, eins mit niedrigem Luftdruck ein *Tiefdruckgebiet* oder ein *Tief*.

Die Hochdruckgebiete spielen für die Meteorologie eine besondere Rolle. Sie, Gebiete mit schönem Wetter, sind die «Produktionsstätten» von Luftmassen (Bild 11). In einem Hochdruckgebiet sinkt die Luft ab, in einem Tiefdruckgebiet steigt sie auf. Wo Luft absinkt, haben wir Wolkenfreiheit, wo sie aufsteigt, haben wir Bewölkung.

Ein Hochdruckgebiet in polaren Räumen produziert vorzugsweise Kälte. Der wolkenarme Raum dieses Hochs hat nur spärliche schräge Sonnenzustrahlung im Sommer, aber eine ein halbes Jahr währende ununterbrochene Polarnacht im Winter. Also überwiegt vor allem in Meereshöhe kalte Luft. In subtropischen Räumen wird vorzugsweise Wärme durch Sonneneinstrahlung produziert. Hier steht die Sonne das ganze Jahr über nahezu im Scheitelbogen. Wir haben also zwei deutlich unterschiedene Produktionsstätten: Kälteproduktion in Polnähe und Wärmeproduktion in den Subtropen.

Die dazwischenliegenden Tiefdruckgebiete können wir als *Importräume* bezeichnen, in die Kalt- und Warmluft aus den Erzeugergebieten wechselweise importiert wird. Die Hochdruckgebiete, mindestens in Bodennähe, exportieren. Zu den Tiefdruckgebieten hin wird importiert.

So unmittelbar, wie es hier erscheint, findet nun allerdings der Ausgleich zwischen Produktions- und Importstätten nicht statt. Da wir uns auf einer sich drehenden Erde befinden, wird die direkte Bewegung von Hoch nach Tief abgelenkt. Wenn man von oben auf die Nordhalbkugel der Erde blickt, während sich die Erde dreht, erkennt man die Nordhalbkugel als ein linksdrehendes Karussell.

Sähe man dagegen von Süden auf den Globus, dann würde sich die Südhalbkugel als ein rechtsdrehendes Karussell zeigen. Alle Bewegungen, die auf einem solchen Karussell vor sich gehen, werden aus ihrer ursprünglichen Richtung abgelenkt. Auf der Nordhalbkugel ist die Ablenkung nach rechts in Strömungsrichtung orientiert. Das hat zur Folge, daß die Bewegung von Hoch nach Tief nicht geradezu als Ausgleichsbewegung ablaufen kann, sondern nur mittelbar bei gleichzeitigem Umfließen der verschiedenen Druckgebilde.

Ein Tiefdruckgebiet unter ständiger Rechtsablenkung wird auf der Nordhalbkugel links umflossen, ein Hochdruckgebiet dagegen rechts. Es ergibt sich ein Linkswirbel um Tiefdruckgebiete und ein Rechtswirbel um Hochdruckgebiete (Bild 12).

Die Tiefdruckgebiete, die für uns Mitteleuropäer wichtig sind, liegen mit ihrem Kern meist in der Nähe Islands oder des Ärmelkanals. Die Hochdruckgebiete liegen häufig über den Azoren oder dem Mittelmeer.

Die Enge der Isobaren (also größere horizontale Unterschiede des Luftdrucks auf engerem Raum) gibt ein Maß für die Windstärke (Windgeschwindigkeit). Die Angabe der Zahlenwerte an die Isobaren geschieht in Millibar (mb). Für die meteorologische Einzelbeobachtung wird die Windgeschwindigkeit zusätzlich durch Antragen von Windmast mit Windfähnchen an die Beobachtungsstation kenntlich gemacht. Mit einem hinreichend engmaschigen Beobachtungsnetz lassen sich in einer Wetterkarte die Druckgebilde Hoch und Tief auch mit Hilfe der Windfähnchen unterscheiden.

Immer haben die Winde das Bestreben, bei der Rotation um ein Tiefdruckgebiet die Tiefs aufzufüllen: das Windfeld zieht sich in den tiefen Druck hinein zusammen. Für den Physiker ist diese Tatsache interessant als Versuch der Luftbewegung, ein Trägheitsgesetz einzuhalten, das Gesetz von der Erhaltung des Drehimpulses. Die Erhaltung des Drehimpulses bedeutet, daß beim Zusammenziehen von Wirbelfeldern die Rotationsgeschwindigkeit um die Wirbelachse wächst. Wir können uns dabei an die Pirouettenfigur im Eiskunstlauf erinnern. Auch bei ihr kann man erkennen, daß die Rotationsgeschwindigkeit zunimmt, wenn der Läufer zur Einleitung der Pirouette seine Glieder zur Rotationsachse hin zusammenzieht. Das umgekehrte Verhalten (Ausstrecken der Arme) bremst die Rotation dagegen ab. Dem entsprechen die verhältnismäßig langsameren Umläufe des Windes vom Hochdruckgebiet her, wo ja die Luft gleichzeitig mit dem Rechtsumlauf im Hochdruckgebiet der Nordhalbkugel das Bestreben hat, aus den Hochdruckgebieten herauszufließen, also weg von der Rotationsachse solcher Rechtswirbel.

Durch die Fotografie von Satelliten aus werden solche Vorgänge in der Atmosphäre weiträumig erfaßt und zur Anschauung gebracht. Die Synchronsatelliten ATS I und ATS III (ATS ist die Abkürzung von Applications Technology Satellite, Satellit für Versuche der angewandten Technik) umkreisen die Erde in etwa 36 000 Kilometer Höhe in Äquatornähe. Dabei bleiben sie über ein und demselben Längengrad nahezu ortsfest und machen deswegen dessen Ortszeit mit. Ihre Tagesaufnahmen zeigen nun zum Beispiel Wolkenbänder und gefleckte Wolkenfelder. Wenn dabei milchige Wolkenbänder spiralig im Linksumlaufsinn auf der Nordhalbkugel in das Innere der Wirbel hineingezogen werden, erweisen sich diese Wirbel als Tiefdruckgebiete.

Auf den Satellitenbildern (Bild 3) unterscheidet man deutlich weiße Wolkenbänder, die milchig aussehen, und Wolkenfelder, die beinahe aussehen wie Heringsrogen. Die ersteren gehören zu Warmluftkörpern, die sehr feucht sind und irgendwo anstauen, wogegen sie der Wind gerade schiebt: an Berghänge, an Küsten oder auch nur an andere (im Bild unsichtbare) Kaltluftkörper.

Die fleckigen Wolkenfelder, die wie Heringsrogen aussehen, ver-

Bild 12: Windrichtungen um Tief und Hoch auf der Nordhalbkugel

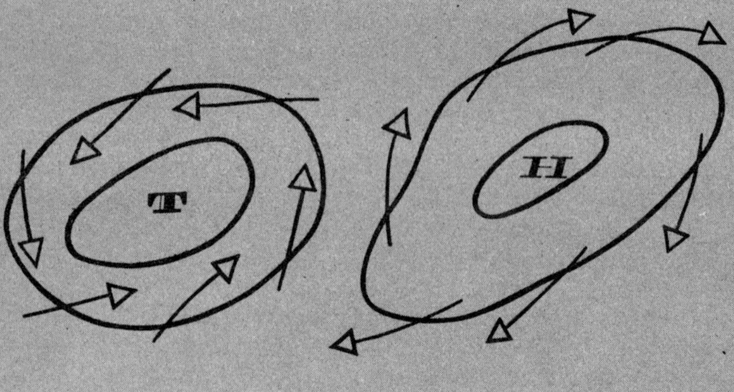

teilen sich weniger bandartig, sondern nehmen eine breitere Fläche, meistens gleichmäßig, ein. Sie gehören zu größeren Kaltluftgebieten, die große Landstriche oder Meeresräume gleichmäßig überschwemmt haben. Wie solche Wolkenfelder zu Hoch- und Tiefdruckgebieten einzuordnen sind, zeigt der Vergleich eines Satellitenbildes mit der Wetterkarte (Bild 2 und 3): Die Hochdruckgebiete sind wolkenarme Gebiete. Besonders die warmen Hochdruckgebiete der Subtropen lassen den ungestörten Einblick des Satelliten auf eine wolkenfreie Landschaft zu, so zum Beispiel auf das Mittelmeer und den südlich angrenzenden Küstenstreifen Nordafrikas.

Die großen Wolkenfelder selbst gehören zu ausgedehnten Tiefdruckgebieten unserer Breiten. Wolkenbänder sind mit Fronten vorstoßender Warmluft gekoppelt. Felder mit Wolkenflecken liegen meist ungeordnet an den Westflanken der großen Tiefs und befinden sich in großräumigen Kaltluftgebieten.

In den polnahen Gegenden ist die Erde wieder wolkenärmer. Dort sind auf unseren üblichen Wetterkarten vorzugsweise Hochdruckgebiete zu sehen. Auf den Satellitenfotos sehen wir aber auch dort weiße Felder; doch sind es diesmal nicht Wolken, sondern Schneefelder. Auch die mit ewigem Schnee bedeckten Gipfel der großen Gebirge im Süden (Alpen, Pyrenäen) erscheinen als (kleine) weiße Flecken. Polwärts werden die Schneefelder umfangreich. Die Form Grönlands ist als weiße Fläche auf einem Satellitenbild gut auszumachen. Auch das Polarmeer ist vielfach mit Eis und Schnee bedeckt; ihre weißen Felder gehen oft unmerklich in Wolkenfelder über.

Das Antlitz der Erde, von weit draußen gesehen, wird also nicht durch die Verteilung von Kontinenten und Meeren bestimmt, sondern durch atmosphärische Gegebenheiten, zumeist durch die Wolken.

Satellitenbilder werden auch zu einer anderen, neuen und faszinierenden Betrachtungsmöglichkeit kombiniert. Man nimmt dazu verkleinerte Aufnahmen von einem sehr viel niedriger kreisenden Satelliten, der in etwa 1000 bis 2000 Kilometer Höhe die Erde umkreist, und zwar spiralig, immer den Längengraden entlang. Er wechselt die Längengrade etwa alle zwei Stunden um 30 Grad.

Wenn man seine Bilder in der Weise zusammensetzt, wie es die Bilder 13 und 14 zeigen, lassen sich Sommerseite und Winterseite des Pols deutlich unterscheiden. Wo die polare Tagseite fotografiert worden ist, haben wir eine Sommeransicht unseres Nordpols, in der das verschneite Grönland besonders auffällt. Wo die Nachtseite fotografiert wurde, haben wir den Nordpol als runden schwarzen Fleck in der Winteransicht. Man kann das Ganze für Nord- und Südhalbkugel natürlich auch getrennt machen, bekommt also — und

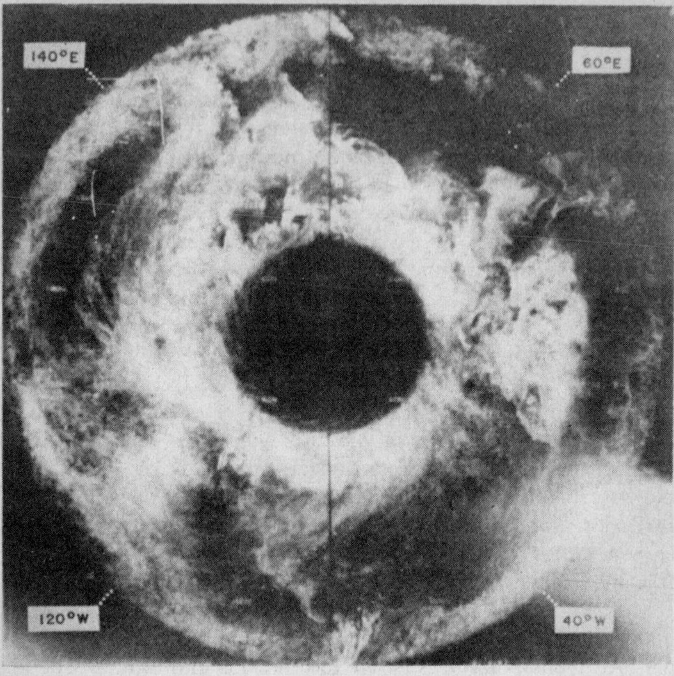

Bild 13: Zusammengesetzte Satellitenaufnahmen ergeben einen umfassenden Blick auf die Nordhalbkugel, zur Zeit der Polarnacht

das lehren diese Ansichten – eine nahezu vollständige fotografische Abdeckung der Erde mit ihren Wolkenfeldern.

Bei den Satellitenbildern können wir grob Felder mit Schichtwolken und Felder mit Quellwolken unterscheiden. Vom Flugzeug aus, aus größerer Nähe, sehen die Wolken aus, wie es die Bilder 15 und 16 zeigen. Von unten fotografiert, werden insbesondere Schichtwolken in ihrem Aufbau nur undeutlich abgebildet.

Nebelfelder, die von oben wie Wolkenfelder aussehen, treten häufiger in Hochdruck- als in Tiefdruckgebieten auf. Hochdruckgebiete führen besonders in den Übergangsjahreszeiten auf ihren polwärtigen Flanken an der Seite einer Westwindströmung solche Nebel mit sich. Im Frühjahr liegen diese Nebelfelder vornehmlich über dem Meer, im Herbst vornehmlich über den Kontinenten – besonders in Europa, weil dabei der Westwind als feuchter Seewind auftritt.

Wir fassen zusammen: Schichtwolkenfelder zeigen sich voraus vor Wetterfronten, einhergehend mit Landregen. Quellwolkenfelder fol-

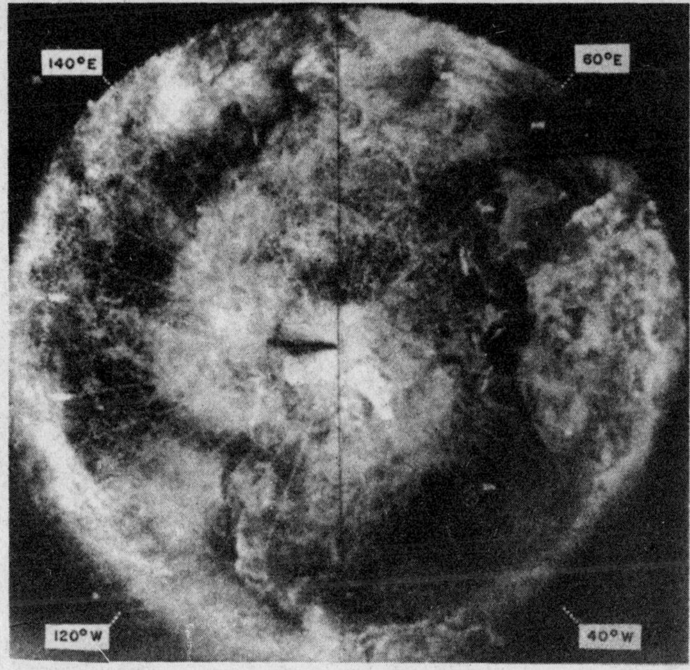

Bild 14: Zusammengesetzte Satellitenaufnahmen ergeben einen umfassenden Blick auf die Nordhalbkugel, zur Zeit der Mitternachtssonne

gen den Wetterfronten nach und gehen einher mit ungeordneten Schauern. In Hochdruckgebieten finden sich wenig oder keine Wolken; an ihrer Nordwestflanke treten aber gern Felder mit starkem Dunst oder Nebel auf.

Alle diese Darstellungen haben gemeinsam, daß sie statisch sind, d. h., sie können aus ein und derselben Wetterkarte erklärt werden. Für die Vorausschau der Wetterentwicklung ist natürlich wichtig zu wissen, wie sich eine Wetterkarte im Laufe der Zeit ändert. In einem Trickfilm hat der Deutsche Wetterdienst einmal aus echten Einzelwetterkarten eine sehr anschauliche Zeitrafferdarstellung gemacht. Von einem Kartenausschnitt wurden stündliche Karten mit ihren Isobarenfeldern erstellt. Jede dieser Stundenkarten wurde fotografiert, die Folge dieser Fotografien als Zeitraffer filmisch zusammengesetzt. Das Ergebnis zeigte zweierlei:

1. Hoch- und Tiefdruckgebiete sehen wie einzellige Lebewesen aus, die ihre äußere Gestalt ständig verändern und über eine Oberfläche

Bild 15: Schichtwolken, aus 12 000 Meter von oben gesehen

hinweg gleiten oder fließen. So gleiten insbesondere Tiefdruckgebiete im Verlauf einer oder mehrerer Wochen über ein großes Gebiet hinweg, indem sie fortwährend neue Randgebilde wie primitive Gliedmaßen ausstrecken und wieder einziehen. Sie überdecken Mitteleuropa fortwährend mit Randstörungen, die sich neu bilden und wieder zerfallen.

2. Der Prozeß des Bildens und Zerfallens ist dadurch bemerkenswert, daß Isobaren aus den Kernteilen, dem Innern der Hochs und Tiefs, herauskommen, wenn diese sich verstärken, und sich in den Kernteil zurückziehen und schließlich gänzlich darin verschwinden, wenn die Luftdruckgebilde sich abschwächen.

Für uns Mitteleuropäer gilt folgende allgemeine Regel: Tiefdruckgebiete mit breiter Warmluft im Süden ziehen schneller als Tiefdruckgebiete mit weniger Warmluft. Tiefdruckgebiete lassen auf ihrer Wanderung die Kaltluft links und die Warmluft rechts liegen (Bild 61). Orientierung links und rechts in Richtung der Tiefdruckverlagerung. Da es im allgemeinen über Mittel- und Nordeuropa kalt und im Mittelmeerraum warm ist, haben wir allzuoft die Situation, daß Tiefs aus dem Westen nach Mitteleuropa kommen. Es müssen hier schon extreme Temperaturen herrschen, wenn die Tiefs einmal im Sommer, weil es bei uns sehr warm ist, nach Norden, und im Winter, weil es bei uns ungewöhnlich kalt ist, nach Süden ins Mittelmeer abwandern sollen.

Wolken und Niederschlag

Wir wissen, daß nicht aus jeder Wolke Regen kommt. Somit muß der Vorgang der Wolkenbildung von dem der Niederschlagsbildung verschieden sein.

Wolken entstehen aus dem Wassergehalt der Atmosphäre. Wasser kommt in die Atmosphäre durch Verdunstung, teils über Land (besonders in vegetationsreichen Gebieten), größtenteils über den Meeren. 70 Prozent der Erdoberfläche sind mit Ozeanen bedeckt. Das Wasser verdunstet in die Luft hinein infolge der Sonneneinstrahlung, die in den äquatorialen Gegenden am stärksten ist. Außerdem erwärmt die Sonnenstrahlung die Luft unmittelbar und macht sie mehr aufnahmebereit für Wasser in gasförmigem Zustand. Herrscht dann noch Wind, der die Luft vom Meer auf das Land treibt, wird diese Luft über Land womöglich noch mehr erhitzt. Erhitzung bringt die Luft zum Aufsteigen. Im Steigen kühlt sie sich ab und bildet dabei Wolken.

Im Zeitrafferfilm (in der Natur braucht es meist ein bißchen Geduld dazu) kann man deutlich erkennen, wie schnell Wolken durch thermisches Erhitzen nach oben schießen. Im Gebirge z. B. dringt aus den Tälern dic warme Luft nach oben, dann bilden sich in der Höhe die Wolken. Dabei ist ein dauerndes Auf und Ab in der Bewegung

Bild 16: Quellwolken, aus 1000 Meter Höhe von oben gesehen

zu beobachten. Die Ränder der Wolken zerfallen wieder, im Mittelteil dagegen schießt die Wolke erneut nach oben. Das Ganze kann so stürmisch ablaufen, daß es in der Wolke zu einem Gewitter kommt.

Im Aufstieg kühlt sich die Wolke ab. Abkühlung ist aber auch bei horizontaler Luftbewegung möglich. Angenommen, über einer Wasseroberfläche ist die Temperatur der Luft 12 Grad, so hat diese Luft schon Wasser in Gasform, also Wasserdampf, von der Wasseroberfläche aufgenommen. Dann gibt es zwei mögliche Transportrichtungen: den Weg nach oben, der zur Wolkenbildung führt, und den Weg nach der Seite mit dem Wind in kältere Regionen, etwa polwärts (Bild 18). Um auf dem letzteren Weg von 12 Grad auf 0 Grad abzukühlen, braucht die Luft eine horizontale Distanz von durchschnittlich 1000 Kilometer, während sie beim senkrechten Aufstieg nur 1200 bis 1500 Meter Höhe, also nur etwa 1 Promille der horizontalen Wegdistanz, benötigt. Kühlt sich die Luft auf horizontalem Weg ab, dann ist das Ergebnis in der Regel Nebelbildung.

Mit der Abkühlung hängt zusammen, daß die Luft weniger gasförmiges Wasser aufnehmen kann, als wenn sie warm wäre. Wird

Bild 17: Verwirbeltes Tief, das die spiralige Aufwicklung einer Wetterfront zeigt, wie die Wolkenbilder aus Satellitenaufnahmen bestätigen

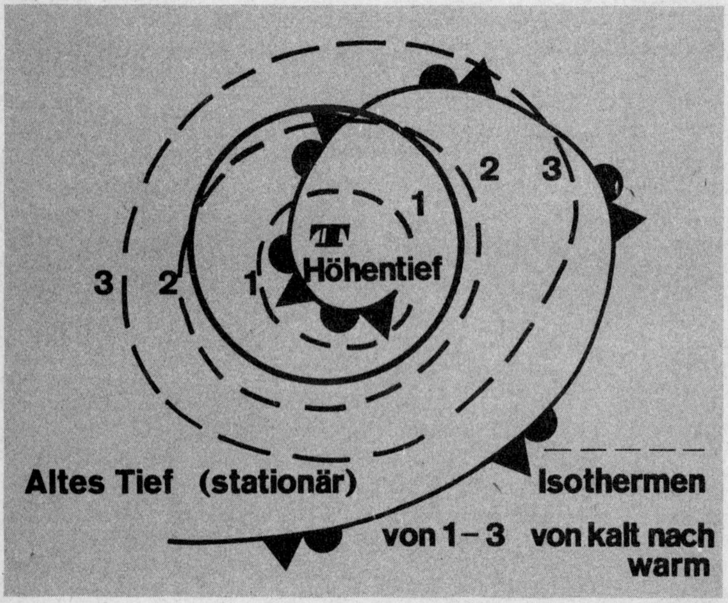

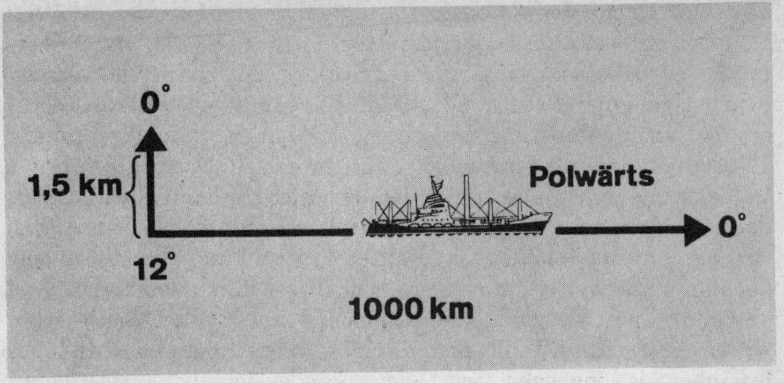

Bild 18: Seitliche und/oder Höhenversetzung der Luft

Luft erst erwärmt und befeuchtet, dann abgekühlt, gerät sie in wasserdampfgesättigten Zustand. Es bilden sich Tröpfchen, die bei aufsteigender Luft als Wolke, bei Luft in Erdbodennähe als Nebel erscheinen. Reicht eine Wolke bis zum Erdboden herunter, nennt man sie Nebel. Durchfährt man Nebel im Auto, schlagen sich die Tröpfchen auf der Windschutzscheibe nieder. Das gleiche beobachtet man, wenn man im Flugzeug eine Wolke durchfliegt. Also bestehen auch Wolken aus Tröpfchen. Aber wie entsteht dieses Wasser in einer Wolke?

Wenn wir im Gasthaus ein Glas Bier vorgesetzt bekommen, dessen Inhalt kälter ist als die Feuchtesättigungstemperatur der Luft in der Gaststube, sammelt sich auf seiner kalten Außenseite Kondenswasser. Auf anderen, ungekühlten Gegenständen in der gleichen Umgebung sammelt sich jedoch kein Wasser. Der unsichtbare Wasserdampf in der Luft wird an der Außenseite des Bierglases in flüssiges Wasser verwandelt. Wir sagen, das Wasser der Luft kondensiert (verdichtet sich), sobald es die Oberfläche eines Körpers berührt, dessen Temperatur merkbar kälter ist als die Sättigungstemperatur der Luft. Auf diese Weise kommen ja auch Tau und Reif am Boden oder auf Pflanzen zustande. Daher wird die Sättigungstemperatur der Luft auch *Taupunkt* genannt. Also hat die Temperatur etwas damit zu tun, ob Luft den von ihr aufgenommenen Wasserdampf behält oder freiwerden läßt.

In einem einfachen Laboratoriumsversuch läßt sich dieser Befund sogar messend erfassen: In einen abgeschlossenen Behälter mit 0,2 Kubikmeter Luftinhalt stellt man einen Wasserbehälter, nachdem die eingeführte Luft vorher chemisch getrocknet wurde. Wird die Luft im Behälter fortwährend genügend mechanisch durchmischt, etwa mit einem Ventilator, kann allmählich alle Luft des Behälters Kontakt mit der Wasseroberfläche aufnehmen. Beträgt die Temperatur des Behälters 21 Grad und werden entsprechende Wassermengen in einer flachen Schale, die eine große Wasseroberfläche abgibt, zur Verdunstung angeboten, so werden 3 Kubikzentimeter Wasser von der Luft des Behälters aufgenommen, also in gasförmiges Wasser verwandelt. Die Luft in dem Behälter hat dann allen Wasserdampf aufgenommen, den sie bei 21 Grad aufnehmen kann. Man sagt, die Luft im Behälter sei gesättigt. Erwärmt man die Luft in dem Behälter noch weiter, so steigert man ihre Aufnahmefähigkeit: bei 38 Grad nimmt sie 7,5 Kubikzentimeter Wasser auf. Danach ist sie wiederum gesättigt. Kühlt man die Luft, indem in ein Seitenfach des Behälters Eis eingegeben wird, dann kondensiert der Wasserdampf an den Wänden des Eisfachs, soweit es in den Probebehälter hineinragt. Der Wasserdampf kondensiert immer an der nächstverfügbaren Oberfläche.

Somit müssen zum Verständnis der Wolkenbildung zwei Fragen beantwortet werden: 1. Wie werden sehr große Luftmengen so gekühlt, daß die Luft wasserdampfgesättigt, vielleicht sogar übersättigt ist? — 2. Welche Oberflächen sind in der Luft verfügbar, um an ihnen Wasserdampf kondensieren zu lassen?

Das beschriebene Experiment zeigt, daß kühlere Luft weniger und wärmere Luft mehr Wasserdampf aufnehmen kann und daß ein Teil des Wassers in flüssiger Form ausgeschieden wird, wenn man wärmere Luft abkühlt. Doch läßt der Versuch zunächst noch offen, wie die Abkühlung vor sich geht. Hierbei wirkt ein weiteres physikalisches Prinzip, nämlich die Ausdehnung der Luft mit der Höhe. Wenn man Gase ausdehnt oder — wie man dies in der Wärmelehre nennt — expandiert, fällt ihre Temperatur.

Diesen Befund kann man experimentell nachweisen: Eine gleichbleibende Luftmenge soll einen veränderbaren Raum ausfüllen. Sie soll vom obenerwähnten Probebehälter aus in einen Ballon eindringen können, der auf den Deckel des Behälters aufgesetzt ist. Wenn die umgebende Luft verdünnt wird, ihr Druck fällt, wird die Luft in dem Behälter folgen, indem sie nach außen in den aufgesetzten Ballon eindringt und diesen nach Maßgabe des außen abnehmenden Luftdrucks füllt. Die Luft des Behälters dehnt sich also während dieses Vorgangs aus. Der Versuch wird den in der Natur gegebenen Bedingungen angepaßt, indem man den Behälter mit dem zunächst ungefüllten Ballon in ein Flugzeug mitnimmt, das keine Überdruckkabine hat. Während des Aufstiegs wird der Ballon immer praller. Der äußere Luftdruck nimmt offenbar ab, in gleicher Weise tritt Luft vom Behälter in den Ballon über und füllt diesen.

Der frühere Versuch hat bereits gezeigt, daß feuchte Luft, wenn sie sich abkühlt, ihre Feuchtigkeit auskondensiert, d. h. in flüssiges Wasser zurückverwandelt.

Übernehmen wir den Versuch im Flugzeug nun ins Laboratorium: Der Deckel mit Ballon wird durch einen festen Deckel ersetzt, der Behälter aber mit einem Glaszylinder verbunden, in dem der Raum durch einen auf- und abfahrenden Kolben vergrößert oder verkleinert werden kann. Die Luft wird auf die früher beschriebene Weise feucht gesättigt, wenn sie beim Auffahren des Kolbens, d. h. unter verringertem Druck, tatsächlich gekühlt wurde. Die Feuchtigkeit in der gekühlten Luft muß dann kondensieren; dies ist aber, wie schon gesagt, vom Vorhandensein geeigneter Oberflächen abhängig.

Geeignete Oberflächen, auf die das Wasser in der Atmosphäre kondensiert werden kann, gibt es als feste Partikel. Sie werden als Schwebestoffe in die Atmosphäre gebracht. Nicht nur über Land, wo Staubteilchen, Blütenpollen, Abgase, Verbrennungsrückstände in die Luft gelangen, auch über den Meeren werden feste Schwebestoffe gebildet. Wenn der Wind das Wasser so stark bewegt, daß es zu überkämmenden Wellen kommt, wird ein Teil des Wassers in der Luft zerstäubt. Die zerstäubten Salzwassertropfen verdunsten, die kleinen Salzkristalle jedoch bleiben als feste Schwebestoffe zurück. Sie erfüllen die gleiche Aufgabe zur Tröpfchenbildung in der freien Luft wie die Rußpartikel über Land.

Man kann also sicher sein, daß auch die Luft im Behälter sich abgekühlt haben muß, während die Versuchsanordnung in größere Höhe gebracht wurde. Damit ist ein Schlüssel gewonnen zum Verständnis dafür, auf welchem Wege große Luftmassen in der Natur gekühlt werden können, um Wolken zu formen. Erwärmt die Sonne feuchte Luft nahe der Erdoberfläche, steigt die Luft auf und dehnt sich im Aufsteigen aus. Dabei wird sie fortwährend kühler. Schließlich ist sie wasserdampfgesättigt. Der Wasserdampf beginnt in der Luft zu kondensieren in Milliarden winziger Wassertröpfchen, und damit bilden sich Wolken.

Ist jedoch die Luft in unserem Versuch vorher chemisch gefiltert worden, so daß sie von Schwebestoffen so rein wie möglich wurde, dann wird sie nicht kondensieren, weil keine Partikel in ihr sind, an denen die Kondensation erfolgen kann. Es formen sich keine Tröpfchen.

Die Luft in der Natur ist niemals ganz frei von Schwebestoffen. Werden daher auch bei unserem Versuch in die Luftprobe Schwebestoffe eingebracht, formen sich leichter Tröpfchen, wenn die Luft wasserdampfgesättigt ist. Man setzt daher unsichtbare Rauchpartikel

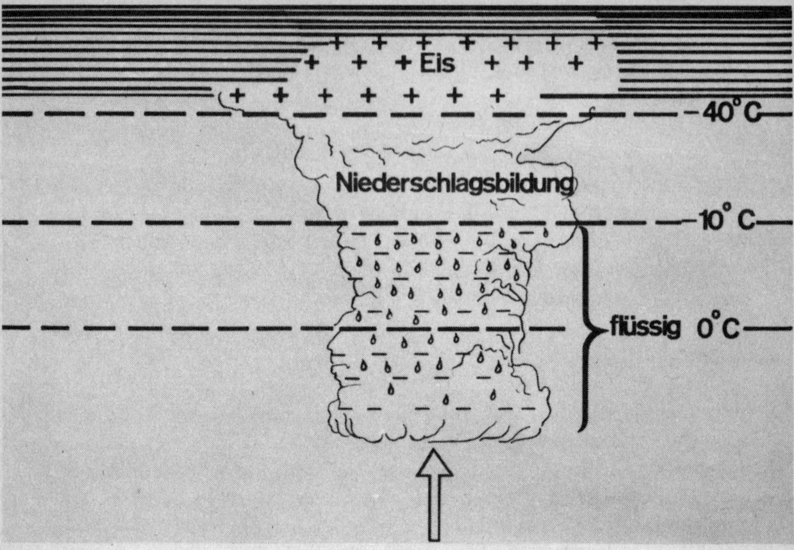

Bild 19: Elektrische Ladungsverteilung in einer Quellwolke

der Luft des Behälters zu. Wird nun die Luft des Behälters mit Hilfe des Kolbens im angeschlossenen Glaszylinder ausgedehnt, bildet sich im Probebehälter spontan eine Wolke, weil die Rauchpartikel Oberflächen darstellen, an denen der Wasserdampf kondensieren kann. Wird die Luft im Behälter auf ihren ursprünglichen Umfang zusammengedrückt, verschwinden die Wolken. Die Wassertröpfchen wechseln zurück in Wasserdampf. Die Rauchpartikel sind zwar noch vorhanden, die Luft jedoch im Behälter ist nicht mehr feuchtegesättigt, weil sie durch Kompression erwärmt wurde. Dehnt die Luft sich wieder aus, kondensieren die Wassertropfen abermals, und die Tröpfchen im Behälter erscheinen erneut. Während der Ausdehnung ist die Luft also offenbar abgekühlt worden.

Auf diese Weise entstehen die meisten Wolken in der Natur. Steigt eine Luftmasse auf, dehnt sie sich aus und kühlt sich ab. Ist sie kühl genug, kondensiert der mitgeführte Wasserdampf. Milliarden winziger Tröpfchen formen sich an Milliarden kleinster Schwebestoffe, die in der Luft enthalten sind.

Soweit haben wir gesehen, wie Wolken entstehen. Wie bildet sich nun aber Niederschlag in der Wolke? Damit Niederschlag entsteht, muß die Wolke in eine Eisphase übergegangen sein. Sie wird angekündigt durch Vereisung, wie sie am Flugzeug beim Durchfliegen einer Wolke beobachtet werden kann, und ist gleichzusetzen mit der Rauhreifbildung an kalten, nebligen Wintertagen, der man auch im Gebirge begegnet, wenn kalte, tiefe Wolken durch einen Wald ziehen.

Tröpfchen, die sich in der Wolke gebildet haben, bleiben auch dann noch als Tröpfchen erhalten, wenn die Temperatur unter 0 Grad gefallen ist. Man sollte erwarten, daß sie sich zu Eis umformen. Aber in der Wolke tun sie das nicht ohne weiteres, da sie im allgemeinen auf die Oberfläche eines festen Stoffes ihrer Größenordnung angewiesen sind, nämlich 10 Mikron (1/100 Millimeter). Die Rußpartikel waren um etliche Größenordnungen kleiner. Deshalb finden die Tröpfchen nur schwer feste Oberflächen vor, an denen sie festfrieren können.

Zum Verständnis des Folgenden müssen zwei Begriffe erklärt werden: Unter *Kondensation* versteht man die Umwandlung vom gasförmigen Zustand in flüssige Tröpfchen, während *Sublimation* der Vorgang genannt wird, bei dem gasförmiges Wasser unmittelbar in Eisnadeln übergeht. Letzterer kommt in der Natur erst bei Temperaturen unter —10 Grad vor.

Wenn Milliarden Tröpfchen in den Wolken schweben, vermutet man, daß die Tröpfchen ohne weiteres zu Regentropfen zusammenfließen können. Sie werden aber durch verschiedene Ursachen daran

Bild 20: Tröpfchen überschwemmen sich mit negativen, Eisnadeln mit positiven Ionen

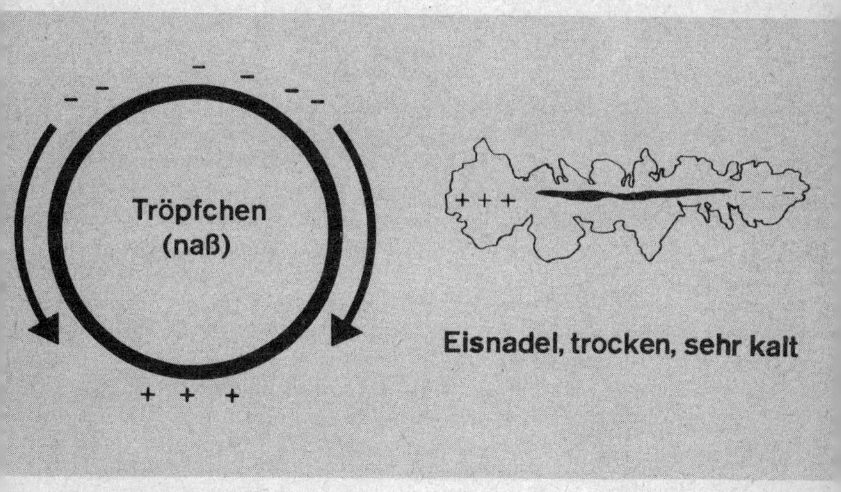

gehindert. Eine davon ist die, daß zwischen dem gasförmigen Wasser, das noch um die Tropfen herum in der Luft vorhanden ist, und den Tropfen selbst eine Dampfspannung besteht, die für einheitliche Tropfengröße in der Wolke sorgt. Der Dampfdruck also isoliert die Tröpfchen.

Ein weiterer Effekt kommt hinzu, der mit dem elektrischen Feld in der Atmosphäre zu tun hat. Erdboden und Meeresoberfläche stellen eine elektrisch negativ aufgeladene Oberfläche dar. Die Blitze der Gewitter setzen dieser Oberfläche fortwährend negative Elektrizität zu. Sie wird höheren Luftschichten entnommen, die dadurch mit einer positiven Restladung zurückgelassen werden.

Die Minuszeichen in Bild 19 stellen das Vorherrschen einer negativen elektrischen Ladung dar. Man kann die Atmosphäre als elektrisches Feld auffassen. In höheren Schichten, um 13 Kilometer, und, abgesetzt davon, in noch höheren Schichten befindet sich die positive Ladung. Im Raum zwischen den negativen und positiven Feldern halten sich kleine elektrische Träger, freie Ionen, auf. Ionen mit gleichnamiger elektrischer Ladung stoßen sich ab, solche mit ungleichnamiger Ladung ziehen sich an. In elektrostatischer Ladung, d. h. in elektrischer Ruheladung, werden anziehende oder abstoßende Kräfte Coulombkräfte genannt. Ladungen ungleicher Vorzeichen ziehen sich mit der gleichen Kraft an, wie gleichnamige sich abstoßen.

Elektrisch geladene Teilchen sind als Ionen zunächst auch ohne Wolkenelemente in der Atmosphäre vorhanden. Kommt in diese Atmosphäre ein Tröpfchen hinein, legt sich ein Teil der freien Ionen auf die Tröpfchenoberfläche. Diese verfügt damit über negative wie über positive Ionen, die positiven Ladungen am unteren, die negativen am oberen Teil des Tröpfchens (Bild 20). Die positive elektrische Aufladung des Tröpfchens weist zur negativen der Erdoberfläche hin, die negative Ladung des Tröpfchens dagegen zur positiven atmosphärischen Schicht bei 13 Kilometer Höhe. Es bleibt aber nicht bei der Zweierladung. Negative Ionen überschwemmen mehr und mehr Tröpfchenoberflächen, die dann schließlich rundherum negativ geladen sind. Sie werden nun, alle gleichnamig elektrisch aufgeladen, ein weiteres Mal, d. h. über die obengenannte Dampfspannung hinaus, daran gehindert, sich gegenseitig anzuziehen. Kleine Wolkentröpfchen werden also nicht durch Zusammenfließen zu Regentropfen, sie bleiben vielmehr weiter schwebend. Soll Niederschlag entstehen, ist zusätzlich die Eisphase in der Wolke erforderlich.

Wie gelangt aber Eis in die Wolke, wenn unterkühlte Tröpfchen nicht unmittelbar in ihr gefrieren? Es zeigt sich, daß die Wolke hierzu anstatt der Kondensation die Sublimation bevorzugt, also den direkten Übergang vom gasförmigen Zustand des Wassers zum

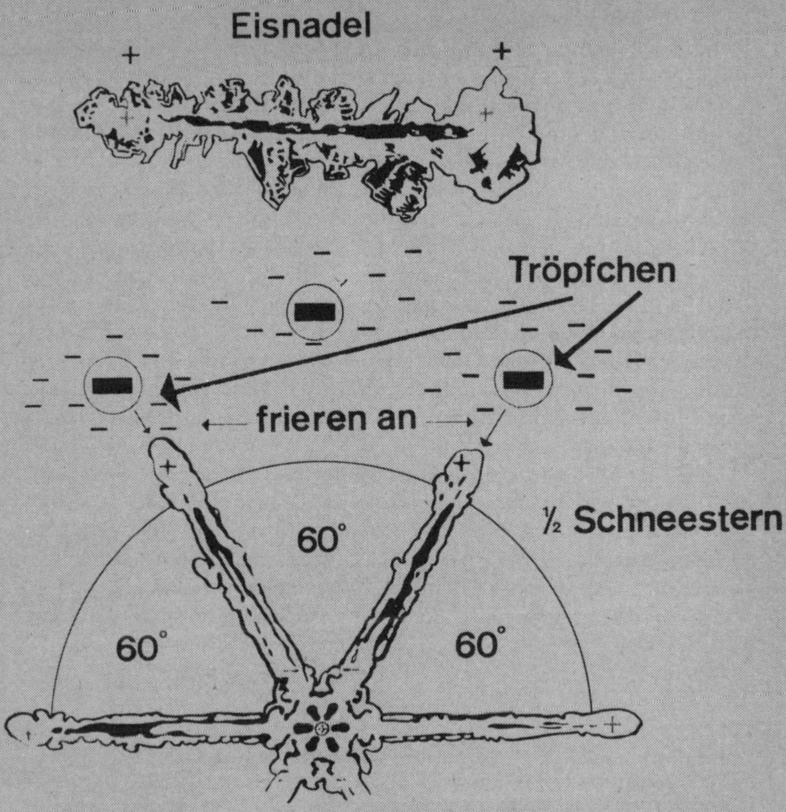

Bild 21: Negative Tröpfchen werden durch positive Eisnadeln angezogen; auch das Wasserdampfgefälle ist auf das Eis zu gerichtet

festen. Dazu ist aber eine Temperatur von mindestens —10 Grad erforderlich. In einer Wolke entstehen also durch Sublimation Eiskristalle erst dann, wenn sie eine Höhe erreicht hat, in der diese Temperatur herrscht.

Eiskristalle nehmen zunächst positive und negative Ionen auf und ordnen sie einander zu. Später überwiegt in großer Höhe das Angebot an positiven Ionen, zu denen eine trockene Eisoberfläche eine besondere Affinität hat. Die durch Sublimation entstandene Eisnadel überschwemmt sich mit positiven Ionen, lädt sich derart positiv auf. Gegenteilige Ladungen ergeben sich dann: eine positive des Eises und eine negative der Tröpfchen. Im Zwischenraum, wo beide Arten sich treffen, können sie nun aneinanderwachsen, ja sie werden sich sogar heftig anziehen (Bild 21). Außerdem finden die Tröpfchen in den durch Sublimation entstandenen Eisnadeln das Partikel hinreichender Größe vor, an dem sie anfrieren können. Elektrostatische Anziehung und Anfrieren erfolgen innerhalb der Wolke, wo sich Eisnadeln und Tröpfchen begegnen. Im unteren Teil besteht die Wolke nur aus kleinen Tröpfchen. Sie bleibt in Temperaturen unter 0 Grad zunächst im Tröpfchenzustand, aber unter —10 Grad kommt durch einen anderen Aggregatübergang, nämlich von Gas in Eis, zusätzlich die Sublimation zustande. Somit gibt es im Zwischenraum von —10 Grad bis —40 Grad in einer Wolke gleichzeitig Eispartikel und Tröpfchen (Bild 22). Die Tröpfchen lagern sich hier den Eisnadeln an. Es kommt zu großen Eiskörpern, die dann Niederschlag bringen können.

Ehe der Niederschlag aus einer Wolke fällt, ist er immer zunächst in Eisform vorhanden. Der Eiskörper taut auf und löst sich in Tröpfchen auf, wenn die Nullgradgrenze hinreichend hoch über dem Erdboden liegt. Ob es aus einer Wolke regnet, schneit oder graupelt, ist nur von der jeweiligen Höhe der Nullgradgrenze abhängig. Da sie im Winter normalerweise niedriger liegt als im Sommer, fällt im

Bild 22: Eis bildet sich im Gipfelteil einer Quellwolke, beim Herunterfallen frieren Tröpfchen an; bei 0 Grad ist das Hagelstück am größten

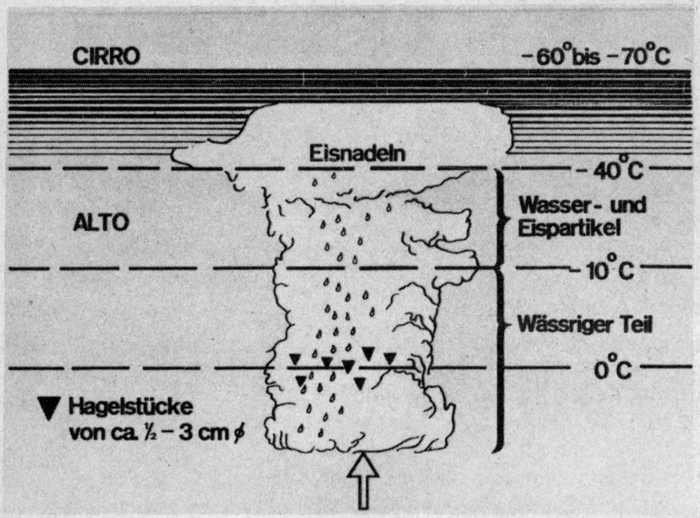

Winter Schnee oder Eis, im Sommer Regen. Es gibt hier keinen prinzipiellen, nur einen graduellen Unterschied.

Der Bereich in der Wolke, in dem sich zwischen —10 und —25 Grad Niederschlag bildet, heißt *Graupelzone*. Vergraupelung nennt man das Anfrieren von Tröpfchen an Eisnadeln, die dort durch Sublimation entstanden sind. Im Temperaturraum von —10 bis —40 Grad kommen noch beide Aggregatübergänge des Wassers vor: Kondensation neben Sublimation. Die Sublimation dominiert erst in Höhen, wo die Temperatur unter —40 Grad liegt. Am Gipfelteil genügend hoher Wolken werden nur Eiswolken produziert, die feinfaserig und transparent bleiben und zur Niederschlagsbildung nicht mehr beitragen.

Im Raum, wo Tröpfchen und Eisnadeln nebeneinander entstehen, wird hoher Auftrieb der Wolke hohe Luftbewegung nach oben bewirken. Dieser Luftstrom verlängert die Verweilzeit der Eispartikel, die zwischen —10 und —25 Grad entstanden sind. Das Eis kann so lange wachsen, bis es gegen den Aufwärtswind herunterfällt. Es wird zum Graupel oder Hagel.

Im Winter ist kein starker Aufwind, keine Turbulenz in den Wolken: schon die feinste Schneeflocke sinkt zu Boden. Sie ist darum so schön geformt, weil sie in der Wolke ungestört ihre regelmäßige Kristallform ausbilden konnte.

Künstlicher Regen

Eine der größten Ängste des Menschen ist seit je die Angst vor dem Ausbleiben des befruchtenden Regens gewesen. Regenzauber, Opfer, Gebete um Regen finden sich gleicherweise in primitiven Religionen wie in den Hochreligionen.

Seitdem das Wetter als physikalischer Vorgang begriffen wurde, konnte man auch grundsätzlich daran denken, es durch physikalisch-technische Mittel zu beeinflussen. Das Bedürfnis nach einer solchen Beeinflussung nimmt mit der anwachsenden Erdbevölkerung immer mehr zu. Zur Zeit leben dreieinhalb Milliarden Menschen auf der Erde, im Jahr 2000 werden es wahrscheinlich sieben Milliarden sein. Nicht nur die Menschen selbst, sondern mehr noch der zu ihrer Ernährung erforderliche Boden und die Industrie werden viel mehr Wasser brauchen.

Zu den uralten Methoden künstlicher Bewässerung, die nur bereits vorhandenes Süßwasser besser verteilen, ist neuerdings da und dort die Gewinnung von Süßwasser aus Meerwasser getreten. Die bisherigen Verfahren sind allerdings noch zu kostspielig, wenn große Wassermengen gewonnen werden sollen. Deshalb hat man bereits an eine Wasserversorgung gedacht, die von der Natur ganz unmittelbar angeboten wird: an die großen Flüsse am Himmel (die man nur nicht gewohnt ist als solche anzusehen). Das sind die gasförmigen Wassermengen, die ständig in der Atmosphäre umgesetzt werden, Wolken bilden und schließlich als Niederschläge herunterkommen — leider nicht immer dort, wo sie uns Menschen am nützlichsten wären.

In Amerika wird an einem groß angelegten Projekt gearbeitet, 35 Staaten der USA, sieben Provinzen Kanadas und drei Provinzen Mexikos durch ein gemeinsames Wassernetz aus Talsperren zu versorgen. Zu diesem nordamerikanischen Wasser- und Kraftwerkplan gehören auch Versuche, auf das Wetter Einfluß zu nehmen mit dem Ziel, Wolken kontrolliert zu Niederschlägen zu veranlassen, um für die Talsperren hinreichende Wasserreserven zu erhalten. «Weather modification» (Wetterabänderung) ist bei denen zum Schlagwort geworden, die an diesen Arbeiten beteiligt sind.

Wolkenbildung muß vorhergehen, wenn der Himmel zu Niederschlägen veranlaßt werden soll. Wolken bilden sich aber, wie wir gesehen haben, wenn Luft, die am Boden erhitzt wurde, nach oben steigt. Je mehr die Erhitzung wirkt, desto schneller der Aufstieg. Um die Erhitzung zu verstärken, könnten etwa im Einzugsgebiet der Talsperren an den Gebirgshängen Teerdecken aufgelegt werden.

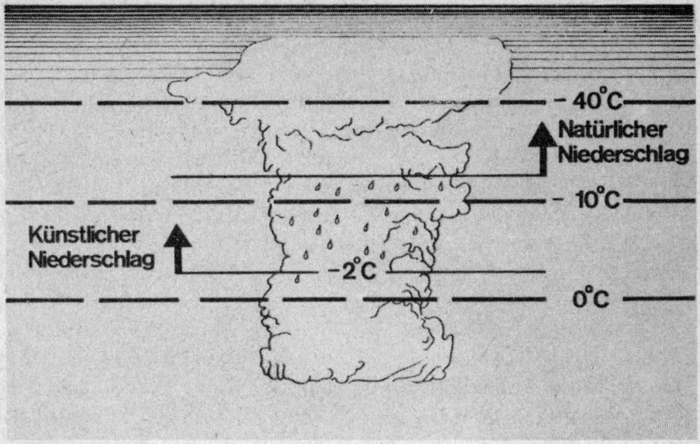

Bild 23: Natürliche und künstliche Eisbildung in einer Wolke. Es geht darum, die Vereisung der Wolke in tiefere Schichten hinunterzudrücken

Sie würden von der Sonne so stark erhitzt, daß die darüber lagernde Luft stärker als gewöhnlich nach oben steigen und damit die Wolkenbildung künstlich gefördert würde. Eine weitere Voraussetzung, von der ebenfalls schon gesprochen wurde: Es müssen zusätzlich Schwebestoffe in die Luft eingebracht werden, damit die Wolkentröpfchen in Eis übergehen, sobald sie innerhalb der Wolke in Regionen unter 0 Grad gelangen. Bild 23 zeigt die Grenze, an der die Wolke auf natürliche Weise zur Eisbildung übergeht, und den Bereich, in dem man künstlich die Eisbildung erreichen möchte.

In der Atmosphäre verbleiben die Wolkentröpfchen im Temperaturintervall zwischen 0 und —10 Grad, dem Gefrierpunkt des Wassers, noch immer in Wasserform. In der Wolke beginnt erst bei —10 Grad die Eisphase, die ja dafür entscheidend ist, daß die Wolke Niederschlag bildet. Die Wasserphase allein genügt nicht. Eine Wolke muß also immer schon so hoch aufgestiegen sein, daß sie auf —10 Grad abgekühlt ist. Im Sommer wird diese Temperatur natürlich nicht so leicht erreicht wie im Winter, da sie im Sommer in der freien Atmosphäre sehr hoch über dem Erdboden liegt. Man legt deshalb besonders darauf Wert, eine Wolke unmittelbar nach Überschreiten der Nullgradgrenze Niederschlag bilden zu lassen. So gewinnt man einen ganzen Block des Wolkenkörpers, der noch nicht ausgeregnet hat. Fällt der Regen heraus, kommt es darauf an, daß der Niederschlag nicht verdunstet, bevor er den Erdboden erreicht hat. In Bild 24 bezeichnet die Linie unterhalb der Wolkengrenze die Höhe, unter der der Regen bereits vollständig verdunstet ist. Die Gebirgshänge aber erreicht er noch vor dem Verdunsten.

Schwebestoffe sind noch eine zusätzliche Voraussetzung zur Wolkenbildung. Sie sind auch in der natürlichen Luft enthalten, ermöglichen der Luft, wenn sie feuchtegesättigt ist, die Tröpfchenbildung und veranlassen ab —10 Grad über die Sublimation die Eisbildung. Die Schwebeteilchen sind höchstens $^1/_{100}$ Mikron ($^1/_{100\,000}$ mm) groß. Man kann sie meist erst im Elektronenmikroskop bei 30 000facher Vergrößerung sichtbar machen, nachdem sie mit Hilfe einer Luftzentrifuge ausgeschleudert worden sind. Unter den in der freien Natur vorgegebenen Schwebestoffen sind nicht notwendigerweise gerade die am häufigsten, die einer schnellen Umwandlung von Tröpfchen in Eis dienlich wären. Erst durch systematische Laboratoriumsversuche haben sich idealere, in der Natur aber seltenere Partikel, die diese Aufgabe leisten, herausfinden lassen. Hierzu gehört vor allem Silberjodid (chemisches Zeichen AgJ). Aber auch Kohlensäureschnee oder einfach zerstoßenes Eis eignen sich zur Umwandlung unterkühlter Tröpfchen in Eis. Sie werden den Wolken künstlich angeboten, um diese vorzeitig Eis bilden zu lassen.

Silberjodid kann man in kristalliner, also fester Form verstreuen,

Bild 24: Niederschlag in höheren und niedrigeren Gegenden

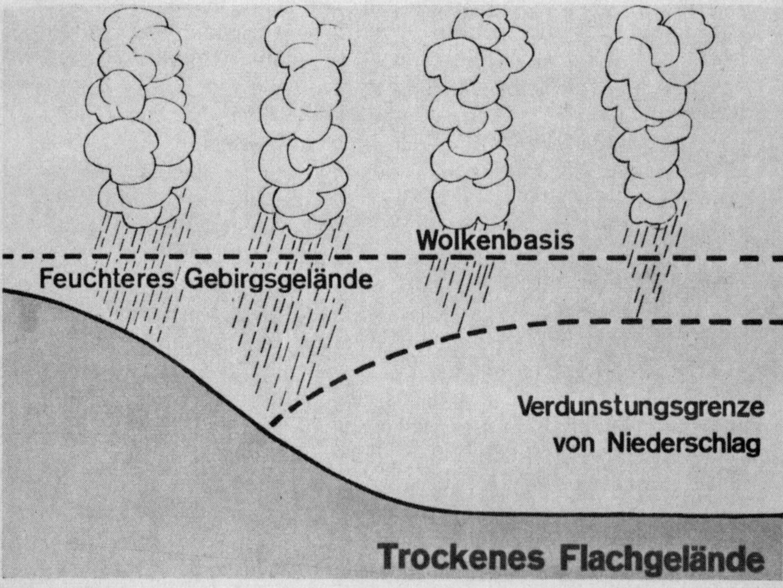

aber viel wirksamer in Aceton- oder Ammoniaklösungen, die in einem abbrennenden Propangasstrom schnell verdunstet werden, um dann mikroskopisch kleine Kristalle zurückzulassen. Silberjodid verdampft bei 800–1000 Grad und sublimiert schnell wieder bei Außentemperatur. Je kleiner die Silberjodidkristalle gleichmäßig im Wolkenraum verteilt werden, desto mehr unterkühlte Wassertröpfchen werden damit «geimpft» und zu Eis umgewandelt. Eine Gesamtmenge von nur 16 Gramm Silberjodid hat sich bei einzelnen Quellwolken schon als hinreichend erwiesen, damit sie vorzeitig Eis bilden.

Verbrannte man Silberjodid im Lösungsmittel Ammoniak, war die Wirkung auf die Wolke größer als mit Aceton. Die größere Wirksamkeit ist gerade bei Temperaturen zwischen 0 und –10 Grad, wie Bild 23 zeigt, erwünscht. Nach näherer Untersuchung stellte sich heraus, daß die Ammoniakreste auf der Oberfläche des Silberjodids durch das Abbrennen Verbindungen zu Aminosäuren eingingen, deren Wirksamkeit für die Umwandlung kleiner Tröpfchen zu Eis besonders günstig war. Unter den vielen Sorten (chemisch ausgedrückt: Isomeren) der Aminosäuren, die daraufhin im Laboratorium systematisch auf günstige Wirksamkeit durchmustert wurden, haben einige die Eisbildung bereits ab Temperaturen von –2 bis –4 Grad angeregt.

Schwebestoffe werden vom Flugzeug aus in eine Wolke versprüht und sollen dabei von oben in die Wolke hineinsickern, um die für die Impfung wichtigen Wolkenpartien zu erreichen. Allerdings fliegen die Schwebestoffe auch gar nicht selten nach oben weg, nämlich dann, wenn der Auftrieb so groß ist, daß praktisch der vertikale Luftstrom nach außen noch aus der Wolke herausweht.

Vielfach wird auch versucht, das Impfmaterial bereits dem in die Höhe steigenden Luftstrom, der die Wolke erzeugt, einzugeben. Die Schwebestoffe werden in diesem Fall in Generatoren, die sich am Boden befinden, der heißen bodennahen Luft zugesetzt, die dann in die Wolke hineingerissen wird. Sie erreichen jedoch erst nach sehr langem Weg das Temperaturintervall zwischen 0 und –10 Grad in der Wolke.

Als ideale Methode erweist sich immer mehr, das Impfgut mit Raketen unmittelbar in den Wirkungsbereich der Wolke einzuschießen.

Wolken, von denen man Regen «melken» möchte, müssen zusätzlich beeinflußt werden, wenn die Wolke nicht auf natürliche Weise, d. h. durch eigenen thermischen Auftrieb, den zur Eisbildung notwendigen Temperaturbereich unter 0 Grad erreicht. Um sie im voraus zu beeinflussen, könnte die Wolke von oben mit Ruß berieselt wer-

Bild 25: Hagelschießen in der Rosenheimer Gegend

den, der an der Oberfläche haften bleibt und sie schwärzt. Da schwarze Flächen bekanntlich stärker durch Sonnenstrahlen erwärmt werden, wird somit am Wolkenkopf erneut Auftrieb erzielt. Die Wolke wird in das vorgesehene Temperaturfeld hinauf- und hineingelockt, in die Partien, die sich dann mit Impfstoffen bearbeiten lassen.

Neuerdings versucht man es auch mit Kunststoffschwebestoffen, die wie Löwenzahnsamen aussehen. Sie verursachen die Umwandlung zu Eis auf elektrischem Weg. Werden diese Schwebestoffe mit großer elektrostatischer Aufladung beispielsweise vom Flugzeug aus versprüht, so daß gegen ihre Nachbarschaft ein großes elektrisches Feld entsteht, zeigt sich, daß die Kunststoffkörper als Spitzenentladung einen elektrischen Entladungsfaden, einen Entladungsstrom ausstoßen, an dem in feuchter und übersättigter Luft Eisbildung als Sublimation einsetzt. Vielleicht verfährt die Natur in einer Wolke mit freien Ionen häufiger so, daß sie diese zu Sublimationskernen macht.

Die meisten der hier erwähnten Methoden, Wolken künstlich zu beeinflussen, befinden sich freilich noch im Versuchsstadium.

Aus der Statistik ergibt sich, daß die Niederschläge durch künstliche Impfung vorerst um 10 Prozent gesteigert werden können. Noch nicht möglich ist es aber, eine Wolke fortdauernd zu beeinflussen. Wolken sind länger andauernde feuchtlabile Umlagerungsvorgänge, in deren Verlauf innerhalb des eingesogenen Luftstroms ständig Wasser vom gasförmigen Zustand in Tröpfchen umgewandelt wird, vielleicht sogar in Eis, was dann Niederschlag zur Folge hat. Infolgedessen müßte Luft, die immer neu in eine Wolke eingesogen wird, auch immer neu geimpft werden — eine umfängliche und aufwendige Angelegenheit. Das Nachimpfen freilich könnte dann doch die herausgeholte Niederschlagmenge über 10 Prozent hinaus steigern.

Möglich ist es, jede bestreute Wolke mit Radar abzutasten und sie damit im voraus auf Erfolgsaussichten für künstliche Niederschlagsbildung zu überprüfen. Die Wolke wäre dann gezielter zu impfen. Wird das Streugut mit Raketen in die Wolke gebracht, ist die Wirkung unmittelbar auf dem Radarschirm erkennbar. Besteht die Wolke nur aus kleinen Tropfen, sind die Radarechos schwach. Die besten Echos erfolgen bei angetauten Graupel- oder Hagelkörnern. Reiner Eisniederschlag, unangetaut, ergibt ein weniger deutliches Echo. Die Echoqualität zeigt jedenfalls sowohl die Stärke wie die Menge des Niederschlags einer Wolke an. Schauerwolken haben nur kurzfristigen, aber dann intensiven Niederschlag, zeigen also sehr gute Radarechomerkmale.

Künstliche Wetterbeeinflussung wird aber auch angestrebt, um

Schadenswetter abzuwenden. Im Sommer kommt es gerade im kontinentalen Klima gelegentlich zu Hagelschlägen mit oft verheerenden Folgen für die Landwirtschaft. Vor allem in Bayern bemüht man sich deshalb um Schutz vor Hagelschlag, indem man das Silberjodidverfahren anwendet, das sich schon bei künstlicher Erzeugung des Regens bewährt hat. Man berieselt eine in Bildung begriffene Schauerwolke, solange sie sich noch im Temperaturbereich zwischen 0 und —10 Grad befindet. Aber auch nachdem sie die —10-Grad-Grenze schon der Höhe nach überschritten hat, kann die Wolke noch erfolgreich behandelt werden: Es gibt dann anstelle weniger großer Hagelkörner viele kleine Eiselemente. Man «überimpft» die Wolke, wie der Fachjargon heißt: Dabei werden so viel kleine Eiskeime, das sind die Schwebestoffe, die die Umwandlung der Tröpfchen in Eis begünstigen, eingeschossen, daß höchstens ein oder zwei Tröpfchen auf einen Eiskeim kommen und dabei die gebildeten Eisteilchen viel zu leicht sind, um gegen den sich daher vermehrenden Auftrieb nach unten zu fallen; von Hagel gar nicht mehr zu reden.

In der Bundesrepublik Deutschland hat man im Landkreis Rosenheim 1957 mit einer Hagelabwehr durch Abschuß von Hagelraketen begonnen (Bild 25). Sie hat im Landkreis selbst die Hagelschläge um rund 30 Prozent vermindert. Mit einer Verminderung um 82 Prozent hatte der Landkreis Traunstein sogar noch erheblich mehr Nutzen von der Rosenheimer Aktion, die sich bei den vorherrschenden Westwinden besonders in östlicher Richtung auswirkte.

Der Landkreis Rosenheim besitzt (1968) 75 Hagelabwehrstationen. Er gibt dafür jährlich etwa 60 000 Mark aus; die Hagelschützen sind ehrenamtlich tätig. Bis 1957 war Rosenheim der einzige Landkreis, der Hagelabwehr betrieb, seitdem hat auch der Stadt- und Landkreis Lindau damit begonnen.

Eine Hagelrakete (Stückpreis um 33 DM) besteht aus einem Treibsatz und einem Knallsatz (Sprengsatz), der die Rakete so zerlegt, daß die Menge von 16 Gramm Silberjodid gut zerstreut wird und daß keine gefährlichen Teile der Rakete zur Erde zurückfallen.

Schließlich soll wenigstens andeutungsweise erwähnt werden, daß der Mensch schon vor der absichtlichen Wetterbeeinflussung in erheblichem Umfang eine unbeabsichtigte ausübt. Verbrennung und Industrieabgase verändern mindestens in begrenzten Räumen die Zusammensetzung der Luft. Dies wirkt sich vor allem auf Wärmeeinnahme und Wärmeausgabe aus. Es bildet sich ein Großstadtklima oder ein Industrielandschaftsklima, das sich in mancher Hinsicht stark von dem Klima der weniger berührten Umgebung abhebt.

Nebel

Nebel ist eine am Boden aufliegende Bewölkung. Wenn Luft sich abkühlt und dabei die Feuchtigkeit (die in Gasform in der Luft enthaltene Wassermenge) als kleine Tröpfchen auskondensiert, entstehen Wolken oder Nebel, je nachdem, ob der Vorgang in der Höhe oder dicht über dem Erdboden abläuft. Von oben sieht Nebel genauso aus wie eine Wolke von oben (Bild 26).

Die Meteorologen sprechen von Nebel erst dann, wenn die Anzahl der Tröpfchen so groß ist, daß sie die Sicht über eine Entfernung von 1 Kilometer hinaus unmöglich machen. Dem Auto- und Schiffsverkehr, besonders aber dem Luftverkehr bereiten solche Sichtbedingungen große Schwierigkeiten.

Nebel entsteht unter verschiedenen meteorologischen Voraussetzungen. Folgende sollen besonders hervorgehoben werden: 1. Die Luft kühlt sich in langen Nächten durch Ausstrahlung ab. — 2. Die Luft kühlt sich an einem kühlen Untergrund durch Wärmeleitung

Bild 26: Talnebel, vom Flugzeug aus gesehen

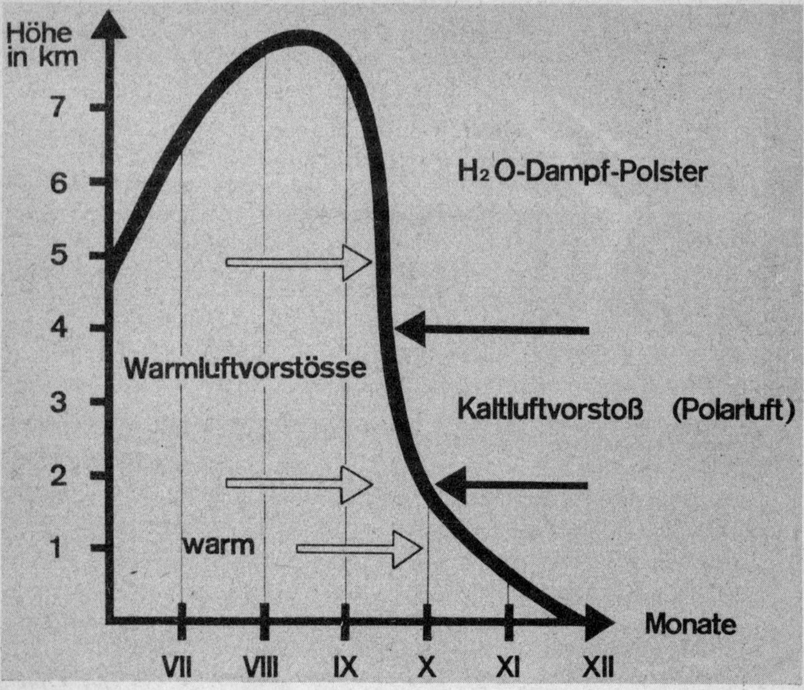

Bild 27: Kurve der Obergrenze des Wasserdampfpolsters im Jahresverlauf. Das Wasserdampfpolster sackt in der zweiten Jahreshälfte zusammen

ab. — 3. Der Luft wird durch Verdunstung gasförmiges Wasser zugeführt und nach Feuchtesättigung in Nebeltröpfchen umgewandelt. Je nach Vorherrschen einer dieser Voraussetzungen gibt es unterschiedliche Nebel, unterschiedlich in Entstehung und Auflösung je nach Landschaft, nach Jahreszeiten, nach Tagesgang.

Strahlungsnebel ist vorzugsweise ein Binnenlandnebel. Bild 27 zeigt den Zusammenhang zwischen nächtlicher Ausstrahlung und vertikaler Mächtigkeit eines Wasserdampfpolsters, abhängig von der Jahreszeit. Im Sommer ist das Wasserdampfpolster am mächtigsten. Warme Luft, die am Boden durch Einstrahlung der Sonne gebildet wird, steigt nach oben. Mit dem Wasserdampf, der ihr durch Verdunstung aus Meeren, Flüssen, Seen oder Niederungen zugeführt wird, baut sie in den Sommermonaten ein hochreichendes Wasserdampfpolster auf. Später, wenn am Boden nicht mehr hinreichende Wärme erzeugt wird, bricht dieses Polster zusammen.

Die Obergrenze des Wasserdampfpolsters liegt im August in über

7 Kilometer Höhe. Bild 27 zeigt die Kurve der Oberfläche der wasserdampfreichen unteren Luftschicht an. In den Herbstmonaten schrumpft das Wasserdampfpolster sehr schnell zusammen und rückt immer näher an den Boden heran. Im Oktober etwa liegt es 1 bis 2 Kilometer hoch und sinkt zum November auf nur 500 Meter Mächtigkeit ab. Die Lage der Obergrenze des Wasserdampfpolsters in unserer Abbildung ist eine Mittelsituation; gewisse Abweichungen davon können je nach besonderen Wettererscheinungen eines Jahres auftreten. Der sommerliche Effekt erhält sich z. B. länger, wenn uns anhaltende Südwinde im September und Oktober immer noch sommerliche Merkmale zubringen und das Feuchtigkeitspolster hochhalten. Umgekehrt senkt ein zu früher Kaltlufteinbruch aus dem Norden schon im Oktober das Wasserdampfpolster und schafft so mehr winterliche Merkmale.

Für die Ausstrahlung spielt das Wasserdampfpolster eine entscheidende Rolle. Seine Obergrenze ist gleichzeitig Ausstrahlungsfläche. In den kurzen Sommernächten hat eine Abkühlung durch nächtliche Ausstrahlung wenig Wirkung. Aber sobald die Nächte länger werden, wird die abkühlende Wirkung an der Obergrenze des Polsters stärker, besonders im November, unserem Nebelmonat. Im November steckt von den Sommermonaten her noch so viel Wärme und Feuchtigkeit im Erdboden, daß auch nachts die Erde noch Wärme und Feuchtigkeit nachliefert. Der Wasserdampf, der als Strahlungsträger zur Abkühlung benötigt wird, steigt auch im Herbst noch nachts durch die Bodenwärme bis in eine Höhe von wenigstens 100 Meter auf. In dieser Höhe kühlt in den länger werdenden Herbstnächten die wasserdampfreiche Schicht an der Obergrenze durch Ausstrahlung aus. Dadurch tritt dort Kondensation ein, in Form von Hochnebel. Dieser wächst nach unten und erreicht bei genügend langer Nacht den Boden.

In Mittelgebirgen wird die Abstrahlungswirkung dadurch unterstützt, daß die Kuppen der Berge gerade bis an die Strahlungsfläche heranreichen. Die abgekühlte Luft fällt dann während der Nacht in die Täler, und der in ihnen sich stauende Kaltluftsee nebelt aus. Wie ein Bach durchfließt der Nebel mit der Kaltluft dann das Talgefälle. Es hängt von der nächtlichen Kälteproduktion ab, wie weit die Täler von Nebel erfüllt werden. Windrichtung und Windstärke spielen dabei natürlich auch ihre Rolle.

Anders verhält sich der Nebel in eigentlichen Winternächten. Der Unterschied soll an einem Beispiel erklärt werden, das vielen vertraut sein wird: Ein über Nacht in der Garage abgestelltes Auto bleibt unbetaut, dagegen wird ein im Freien geparktes von Tau befallen. Das ungeschützte Auto ist durch nächtliche Ausstrahlung so abgekühlt worden, daß die Temperatur auf seiner Oberfläche unter die des Taupunkts der Luft (unter ihre Kondensationstemperatur) gefallen ist. Das Auto in der Garage bleibt dagegen über dem Taupunkt, weil es nicht abgekühlt wurde.

So ist im Herbst der Erdboden noch durch eine hinreichend mächtige Wasserdampfdecke geschützt, im Winter dagegen nicht mehr. Er betaut oder bereift in den Winternächten, wodurch Feuchtigkeit aus der bodennahen Luft ausgefiltert wird und sich die Möglichkeiten zu Nebelbildung verringern.

Ein genügend kalter Gegenstand also zieht die Feuchtigkeit der Luft an und entfeuchtet die Luft. Ein genügend warmer Gegenstand aber, der selbst feucht ist, stößt Feuchtigkeit an die Luft ab.

Das zeigt sich bei Landschaften mit unterschiedlicher Bedeckung (Bild 28). Auf offenem Acker- oder Wiesengelände kühlt sich in Winternächten nach Neujahr der Erdboden aus wie ein im Freien stehendes Auto. Die Feuchtigkeit der Luft fällt auf den kalten Boden aus, der Feuchtigkeitsgehalt der Luft wird verringert. In einer Landschaft mit Baumbestand oder Besiedlung aber bleibt die Abkühlungsfläche der Frühherbstnacht erhalten. Die Kühlung erfolgt hauptsächlich in Höhe der Baumkronen oder Dächer. Die Kaltluft kondensiert hier ihre Luftfeuchtigkeit zu Tröpfchen aus, und es fällt ein Nebelschleier aus der Höhe auf den Boden herab.

Im Grenzbereich füllt der Nebel einen Streifen um das Waldstück oder das Siedlungsgebiet aus. Man kann das in Winternächten mit Reifbildung als Autofahrer auf der Landstraße beobachten. Bei der

Bild 28: Über Siedlung und Wald wird die Luft oben, auf unbedecktem Boden unten abgekühlt; im Grenzgebiet entsteht Nebel, wenn die Kaltluft herunterfällt

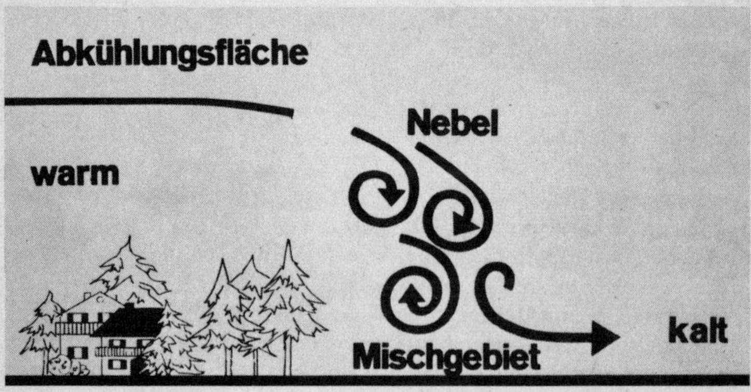

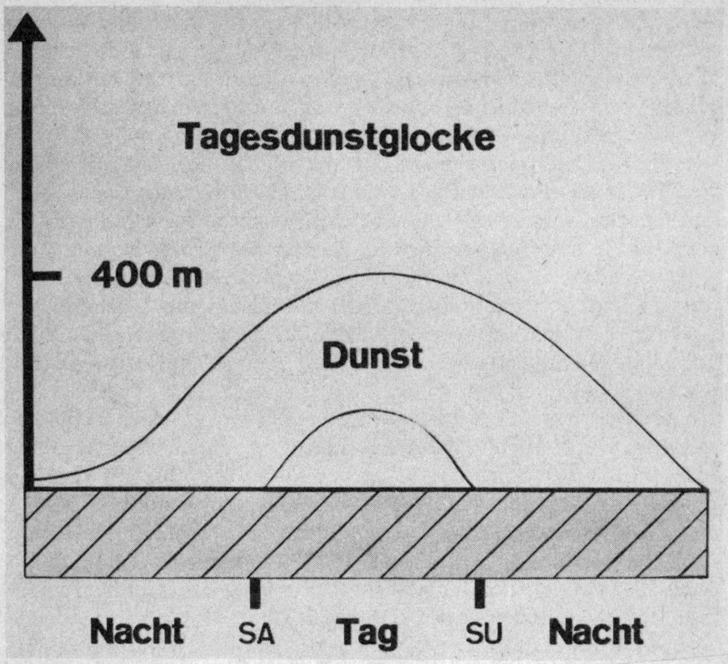

Bild 29: Tagesdunstglocke (SA: Sonnenaufgang, SU: Sonnenuntergang)

Fahrt durch eine offene Gegend herrscht klare Sicht. Dann aber treten plötzlich Nebelschleier auf. Sie kündigen Baumbestand oder eine Siedlung an. Im Waldstück oder in der Siedlung selbst liegt kein Nebel, aber wenn wir wieder in offenes Gelände kommen, müssen wir aufs neue durch die Nebelglocke hindurch.

Betrachten wir nun Nebelbildung und -auflösung im Ablauf eines Wintertages. Unser Bild 29 gibt eine Tagesdunstglocke (Tagesnebelglocke) wieder. In der Nacht ist die Luftfeuchtigkeit als Tau oder Reif auf den Erdboden gefallen. Nach Silvester ist dieser bei nächtlicher Abstrahlung der kälteste Teil. In der Lufthülle gibt es jetzt keine Strahlungsfläche mehr, sie liegt auf dem Erdboden.

Bei Sonnenaufgang wird die auf den ausgekühlten Erdboden ausgefallene Feuchtigkeit wieder in die Luft hineinverdunstet. Die winterliche Tageshelligkeit bewirkt das. Zwar reicht diese gedämpfte Sonnenstrahlung nicht aus, fühlbare, am Thermometer ablesbare Wärme zu erzeugen; doch bringt sie zumindest so viel Energie, daß Verdunstung erfolgt. Diese führt zu betonter Sichttrübung, während die Nacht wieder bei Tau- und Reifbildung klar wird. Die Trübung beginnt im Unterschied zu den Herbstnächten erst mit der Morgendämmerung und verstärkt sich in den Vormittagsstunden. Gegen Mittag kann die trübende Schicht etwas über den Boden angehoben werden, wie es auf Bild 29 markiert ist.

Wenn die Dunstglocke um Mittag höher aufgestiegen ist, sieht man vom Boden aus eine Art Hochnebeldecke über sich. Am Abend senkt sich die Dunstglocke wieder herunter, die Sicht verschlechtert sich noch für längere Zeit als am Morgen. Im Mittwinter ist somit die Hauptnebelzeit in den Stunden der Dämmerung, aber etwa vier Stunden nach Sonnenuntergang stellt sich wieder gute Sicht ein.

Für die Luftfahrt ist dieser Nebelablauf sehr wichtig. Nachtanflüge und -abflüge können sichtklar sein, auch wenn es tagsüber sehr trüb gewesen sein sollte.

Von einer anderen Nebelart wurde schon in der ersten Folge gesprochen, von Nebel, der durch seitliche Versetzung der Luft zustande kommt (Bild 18). Es wurde da ein Luftkörper über See mit 12 Grad Wärme angenommen. Er konnte aufsteigen und sich durch Hebung und Ausdehnung auf 0 Grad abkühlen, was in einer Höhe von 1,5 Kilometer erreicht war. Er konnte aber auch zur Seite fahren und dann über eine Entfernung von 1000 Kilometer die gleiche Temperatur erreichen, indem er gegen die nach Norden zu kälter werdende Seeoberfläche abkühlte. Bei der Hebung kühlt die Luft rascher ab. Sie lagert sich fortwährend vertikal um und tauscht vertikal Wärme aus. Diesen vertikalen Wärmetransport nennt man *Konvektion.* Die Abkühlung, die durch konvektiven Wärmetransport zu Wolkenbildung führt, könnte auch konvektive Nebelbildung genannt werden. Man kann ja die Bezeichnungen «Wolke» und «Nebel» durchaus vertauschen, indem man beide Male Abkühlung als Ursache der Wolken- oder Nebelbildung auffaßt.

Die seitliche Versetzung eines Luftkörpers mit seinem Wärmegehalt bezeichnet man als *Advektion.* Dementsprechend spricht man bei Nebel, der aus der Wärmeabgabe an den Erdboden entstehen kann, von Advektionsnebel. Wo Luft aus feuchtwarmen Gegenden, beispielsweise von einer warmen Meeresoberfläche, auf kalten Untergrund verfrachtet wird, entstehen weite Nebelfelder. Die in der Seefahrt berüchtigten Neufundlandnebel sind die bekanntesten dieser Art. Dort trifft die Luft einer Warmwasseroberfläche (in der Nähe der Bermuda-Inseln) auf kaltes Wasser aus dem Labradorstrom. Ausgedehnte Nebelfelder entstehen auch insbesondere das Mississippital aufwärts, wenn im Winter warme Luft vom Golf von Mexiko in das kältere amerikanische Festland hinein versetzt wird.

Gleiches ereignet sich oft über dem deutschen Küstengebiet. Relativ warme Luft, wie sie im Winter über der Nordsee auftritt, wird mit Nordwestwind über das kalte Festland gebracht. Die Folge ist Nebel im norddeutschen Flachland.

So gibt es neben Strahlungsabkühlung auch Abkühlung gegen einen kühlen Untergrund als Ursache von Nebelbildung. Nebel über See wird allein durch Advektion verursacht. Warmluft kühlt sich über kalter Wasseroberfläche ab.

Welche Jahreszeit aber schafft solche Voraussetzungen für Meeresoberflächen? Zum Beispiel müßte ein angrenzendes warmes Festland Warmluft an ein kaltes Meer liefern. Nicht selten besteht im Mai oder Juni eine solche Bedingung für das Auftreten großer Nebelfelder über der Nordsee. In den Mittagsstunden bewegt sich mit Südwind die warme Mittagsluft aus Oldenburg und Niedersachsen über die Küste seewärts und kühlt sich über der See ab. Der Nebel entsteht dann schon über dem Abschnitt von Cuxhaven bis Helgoland. Am Nachmittag breitet er sich über die ganze Nordsee aus, um dann gegen 16 bis 17 Uhr auch vor den nordfriesischen Inseln aufzutreten.

Beim Verdunstungsnebel schließlich kann Verdunstung aus zwei verschiedenen Bereichen unterschieden werden. 1. Verdunstung von Wasseroberflächen oder feuchtem Gelände aus in die Luft. – 2. Verdunstung von fallendem, hauptsächlich warmem und wäßrigem Niederschlag wie Regen nach längerer Frostperiode. Der Regen ist dabei wärmer als die kalte, frostige Luft, die unmittelbar über dem gefrorenen Boden liegt.

Der Nebel entsteht in beiden Fällen zwar auch durch Feuchtesättigung, die jetzt jedoch nicht durch Abkühlung der Luft erreicht wird, sondern durch Zuschuß aus wärmeren Wasseroberflächen. Der Luft wird fortwährend mehr Wasser in Gasform angeboten, als sie ihrer relativen Kälte wegen tragen kann. Der flache Wiesennebel, den «der Fuchs im Moore braut», gehört hierzu.

In anderen Fällen entsteht die vom eigentlichen Nebel zu unterscheidende Erscheinung des Seerauchs. Man kann sie bei harten Nordwinden zu Winterbeginn auf dem freien Nordatlantik beobachten oder auch im Winter an noch warmen offenen Bächen oder bei ersten strengen Winterfrösten über den Binnenseen der Voralpen.

Dort, wo Nebel sich mit Regen oder Schnee bildet, sind die Niederschläge so anhaltend, daß schließlich auch die unterste Luftschicht feuchtegesättigt ist. Die schlechte Sicht im Schneefall ist also nicht nur auf die Schleierwirkung der dicht fallenden Flocken zurückzuführen, sondern auch darauf, daß zwischen den Flocken immer neue Nebeltröpfchen gebildet werden, sozusagen Nebel, der mit dem fallenden Schnee vermischt ist.

Sonne und Erde

Wetter ist in den meisten Fällen Bewegung, sei es horizontale oder vertikale Luftbewegung, die mit Wolken- und Niederschlagsbildung verbunden sein kann. Zu Bewegung gehört ein Beweger (lateinisch: Motor). Somit können wir das Wetter als Motor auffassen. Ein Motor braucht Energie, um zu laufen. Die Energie wird beispielsweise in einem Automotor in einer Brennkammer ausgelöst. Ein Heizraum heizt den Motor, damit er läuft.

In der Atmosphäre kommt die Beheizung von der Sonnenstrahlung. Die Sonne ist der Heizkörper, der durch seine Strahlung die Beheizung der Atmosphäre leistet. Es ist eine ganze Menge Wärme, die von der Sonne kommt. Protuberanzen, wie man sie bei Sonnenfinsternissen beobachten kann, geben ein anschauliches Bild von dem, wie es kocht und brodelt auf der Sonne. Man gewinnt dabei eine Vorstellung von Wärme, Hitze, ja auch Materie der Sonne, die hoch herausgeschleudert wird. Diese Sonnenmaterie wird durch Magnetfelder in der Umgebung der Sonnenoberfläche geführt und gesteuert. Sie unterstützen einen Strom zum Teil ganz aus dem Bereich der Sonnenanziehung heraus, denn die Sonnenmaterie ist hoch ionisiert, d. h., der Protuberanzenstrom ist so gut wie ein elektrischer Fluß von der Sonne. Er trifft auch die Erde.

Die Sonnenoberfläche hat eine Temperatur von 5500 Grad. Im Innern der Sonne ist die Temperatur sehr viel höher, etwa in der Nähe von 20 Millionen Grad. Es geht dort ähnlich zu wie bei der Explosion einer Wasserstoffbombe. Unser Wetter wird zunächst und überhaupt am meisten bestimmt von der Licht- und Wärmestrahlung, die damit verbunden ist. Um zu messen, wie lange die Sonne uns täglich bescheint, sofern sie nicht von Wolken abgeschirmt wird, benutzen wir den Sonnenscheinautographen. Eine einfache Schusterkugel brennt auf einen in ihrem Brennpunkt aufgelegten schwarzen Schreibstreifen eine Spur ein, je nach Wolkenbedeckung mit Unterbrechungen. Die Zeiteinteilung auf dem Brennpapier entspricht der einer Sonnenuhr.

Die Bestrahlung der Erdoberfläche durch die Sonne geschieht natürlich auf der runden Erde nicht gleichmäßig. Gebiete, die senkrechter bestrahlt werden, erwärmen sich mehr als andere Gebiete, die flacher bestrahlt werden. Das ergibt zunächst einmal ein horizontales Wärmegefälle, ganz allgemein gesagt: vom Äquator zu den Polen. Ein Wärmegefälle ist ja auch Voraussetzung für einen Motor, eine Wärmekraftmaschine.

In der freien Atmosphäre bewirkt die Sonnenstrahlung aber nicht nur ein horizontales Wärmegefälle entlang der Erdoberfläche. Es gibt darüber hinaus auch ein Wärmegefälle nach oben: Die Temperatur nimmt nach oben hin ab. Dieses senkrechte Wärmegefälle ist für die allgemeine Wetterauswirkung grundlegend. Eine solche Temperaturabnahme ist durchaus nicht für die ganze Dicke der Atmosphäre bis zu mehreren hundert Kilometern hinauf selbstverständlich. Vielmehr betrifft die Abnahme der Temperatur mit der Höhe zunächst nur die unteren 10 Kilometer der Gesamtatmosphäre. Diese unteren 10 Kilometer enthalten allerdings drei Viertel der Gesamtmasse der Lufthülle. Das ist unsere eigentliche Wetterzone: die unteren 10 Kilometer der Lufthülle, die *Troposphäre.*

Mit dem horizontalen Wärmegefälle hängen die Jahreszeiten zusammen. Die Erdachse steht schräg (mit einer Neigung um 66¹/₂ Grad) zur Bahnebene, in der die Erde um die Sonne läuft. Die Erdachse bleibt immer auf die gleiche Richtung des Himmelsgewölbes ausgerichtet. Hieraus ergibt sich, daß den Jahreszeiten nach unterschiedliche Bereiche der Erdoberfläche bestrahlt werden. Zu Weihnachten bescheint unsere Sonne vorzugsweise die Südhalbkugel. Die Gegend um den Nordpol bleibt den ganzen Tag auf der Schattenseite. Das ist die Winterhalbzeit für die Nordhalbkugel und die Sommerhalbzeit für die Südhalbkugel. Ein halbes Jahr später haben sich die Verhältnisse umgekehrt. In Südsommerstellung ist die Erde auf ihrer Ellipsenbahn, die übrigens nicht sehr von einer Kreisbahn abweicht, in Sonnennähe (Perihel), im nördlichen Sommer in Sonnenferne (Aphel). Auf die Temperatur, die wir auf der Erde beobachten, hat das nicht viel Einfluß. Der unterschiedliche Abstand zur Sonne (bei 149 Millionen Kilometer mittleren Abstands beträgt der Unterschied zwischen Perihel und Aphel ganze 5 Millionen Kilometer) verschwindet in seiner Wärmewirkung hinter den Wirkungen, die von der jeweiligen Sonnenhöhe abhängen und davon, daß die Nordhalbkugel überwiegend eine Land- und die Südhalbkugel überwiegend eine Wasseroberfläche ist.

Zwischen niedrigen geographischen Breiten (innerhalb der Wendekreise) mit ihrer Warmluft und den hohen mit ihrer Kaltluft ist ein Ausgleichsstrom (ein Wind) die Folge, der warme Luft zu den Polen, kalte Luft zum Äquator schafft. Aber einen Ausgleich gibt es nicht nur in der Atmosphäre, sondern auch in den Meeren. Als solche Ausgleichsbewegungen sind z. B. im Nordatlantik der warme Golfstrom vor der europäischen Küste und der kalte Labradorstrom vor der amerikanischen Küste bekannt.

Vor der Ostküste Nordamerikas entsteht auch ein anderes horizontales Wärmegefälle, das unmittelbar mit Meeresströmungen verbunden ist. Im Sommer erwärmt sich das nordamerikanische Festland mehr als die benachbarte kalte See. Es entsteht ein Wärmegefälle vom Kontinent zum Meer sogar entlang ein und derselben geographischen Breite, etwa entlang dem 50. Breitenkreis, ein Wärmegefälle, das zwischen kaltem Untergrund, dem kalten Labradorstrom, und warmem Untergrund, dem sommerlich erwärmten Festland, wirksam wird. Im Winter tritt ein solcher Wärmeunterschied Land-Meer ebenfalls auf, nur in umgekehrter Richtung. Es bleibt im Winter das Wasser des mexikanischen Golfs warm, der Kontinent aber wird kalt. So kann eine Überlagerung über das normale Äquator-Pol-Gefälle durch ein Gefälle See-Land oder umgekehrt besondere Austauschvorgänge als Großzirkulationen liefern. Letzten Endes ist auch dafür wie für die Jahreszeiten die unterschiedliche Verteilung der Sonnenzustrahlung zur Erdoberfläche verantwortlich.

Wie sieht nun die von der Sonne der Erde angebotene Strahlung im einzelnen aus? Das weiße Licht der Sonne läßt sich bekanntlich in sieben Regenbogenfarben zerlegen, in Rot, Orange, Gelb, Grün, Blau, Indigo und Violett. Die Sonne bietet aber noch mehr «Farbtöne» an, die das Auge normalerweise nicht erfaßt: jenseits vom sichtbaren roten Farbton das Infrarot, jenseits von Violett das Ultraviolett. In dem ganzen Spektralbereich der Sonnenstrahlung liegt der Hauptteil der zugestrahlten Energiemenge im Gelb-Grün. Die beiden Randgebiete Ultraviolett und Infrarot sind weniger energiereich. Faßt man

Bild 30: Verarbeitung angebotener Sonnenstrahlung durch atmosphärische Schichten

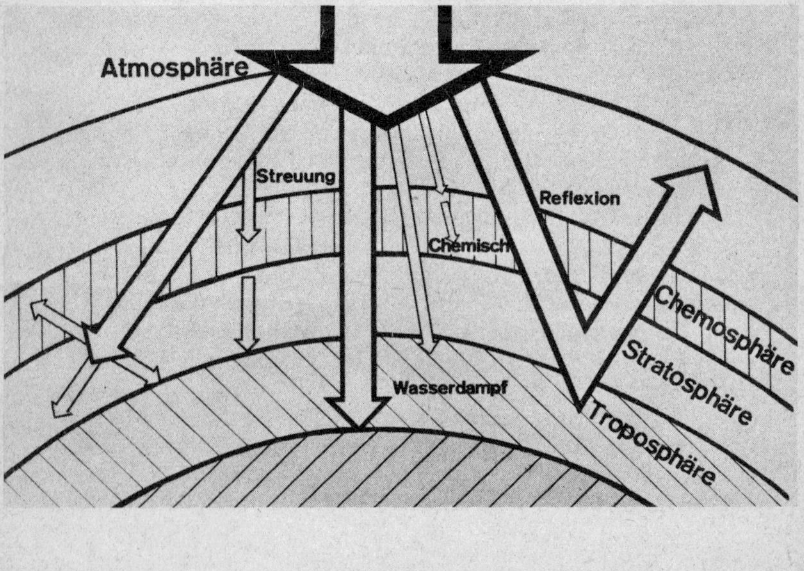

das Licht als einen elektromagnetischen Wellenvorgang auf, so gehört zum Rot das langwelligere, zum Blau das kurzwelligere Licht.

Das Gesamtstrahlungsangebot von der Sonne, wie es an der Außenseite der Erdatmosphäre ankommt, ist in Bild 30 durch einen großen dicken Pfeil gekennzeichnet. Die energetische Aufteilung dieses Angebots zeigt sich in der Strahlungsbilanz. Die Strahlungsbilanz wird bestimmt aus Angebot und Abgabe, wovon hier nur Angebot und Verarbeitung der von außen kommenden Strahlungsimporte betrachtet werden sollen. Das noch unverarbeitete äußere Angebot heißt die *Solarkonstante*. Die Solarkonstante wird physikalisch errechnet zu einem mittleren konstanten Wert von 2 Kalorien (cal) pro Minute und Quadratzentimeter einer senkrecht zur Sonneneinstrahlung gehaltenen Fläche. 1 Kalorie ist die Wärmemenge, die zur Erwärmung von 1 Gramm (1 Kubikzentimeter Inhalt) Wasser von 14,5 auf 15,5 Grad nötig ist.

Die von außen einfallende Strahlung unterliegt verschiedenen Einflüssen. Ein Einfluß ist beispielsweise die *Reflexion* (Rückstrahlung). Die Reflexion wird an Wolkenobergrenzen, kahlem Land oder großen Meeresflächen hervorgerufen. Der reflektierte Anteil geht ohne weitere Energieumsetzung wieder in den Weltraum zurück. Das sind im Durchschnitt etwa 33 Prozent des Angebots. Wolkenoberflächen liefern in etwa den Durchschnitt, Eis und Schnee an den Polen vielleicht noch mehr, Wasser weniger als Wüstensand.

Außer der Reflexion gibt es noch andere Umsetzungen der Strahlung, z. B. *Streuung*. Streuung wird hervorgerufen durch die kleinen Moleküle der Luft. Dabei wird vorzugsweise der blaue Anteil des weißen Sonnenlichts gestreut. Wenn wir die Sonnenscheibe bei wolkenlosem Himmel betrachten, dann sehen wir sie eigentlich etwas verfärbt, zum Gelborangeton hinüber. Der blaue Anteil ist aus der Sonnenscheibe herausgestreut, er ist das blaue Himmelslicht, ein durchaus meßbarer Streuungsbetrag, der noch durch größere Schwebestoffe in der Atmosphäre, Staub, Wassertröpfchen u. a., erhöht werden kann. Dieser Anteil reicht bis zu 26 Prozent der angebotenen Strahlung, wovon wieder 9 Prozent nutzlos in den Wolkenraum zurücklaufen.

In unserer Aufrechnung ist nicht voll der Anteil enthalten, der über das Violett hinausgeht. Ultraviolett, eine an sich sehr intensive Strahlung, wird bereits in höheren Schichten chemisch umgesetzt. Die atmosphärischen Schichten liegen meist oberhalb 30 Kilometer Höhe. Wenn das gesamte Ultraviolettangebot ungeschwächt zur Erde herunterkäme, würde es der Lebenswelt abträglich sein. Auch die Raumfahrer müssen auf ihrer Reise gegen UV-Strahlung geschützt werden. Das Ultraviolett, das die Sonne am Oberrand der Atmosphäre zur

Verfügung stellt, wird weitgehend zur *Dissoziation* (Aufspaltung in Einzelmoleküle oder -atome) der molekularen Gase der Atmosphäre, im wesentlichen Sauerstoff, Stickstoff, Wasserdampf und Kohlendioxyd, benutzt.

Wir sehen also, daß das, was uns auf der Erde unmittelbar an Sonnenschein erreicht, schon sehr weitgehend ausgefiltert ist. Im Schnitt kann man damit rechnen, daß uns nur noch 27 Prozent der unmittelbaren Strahlung erreichen. Es kann an einigen Stellen über der Erde etwas mehr werden. Wo die Luft sehr klar und trocken ist, haben wir, wie beispielsweise in Hawaii auf dem Moa Loa, noch 85 Prozent der Direktstrahlung der Sonne am Observatorium verfügbar. Nehmen wir die auf Umwegen schließlich auch zur Erde gelangende Strahlung noch dazu, so wird die Erdoberfläche im Schnitt mit 50 Prozent des Strahlungsangebots beschickt.

An der unmittelbaren Erwärmung der Luft durch die Sonnenstrahlung hat der Wasserdampfgehalt der unteren Luftschichten einen entscheidenden Anteil, indem dieser den roten, vor allem infraroten Teil des Sonnenspektrums absorbiert und in Wärme verwandelt. Die vertikale Erstreckung des Wasserdampfpolsters zwischen Äquator und Pol zeigt Bild 31. Eine recht dünne Wasserdampfschicht bedeckt den Pol, etwa 1000 Meter mächtig. Das Wasserdampfpolster mit 11 Kilometer Mächtigkeit am Äquator reicht dagegen etwa zehnmal so hoch wie am Pol. Die vertikale Ausdehnung der Wetterzone (Troposphäre) ist mit der vertikalen Wasserdampferstreckung gleichlaufend, letztere etwa 5000 Meter flacher als die Wetterzone.

Wieviel hält nun die Erde eigentlich vom Strahlungsangebot, das ihr zugute kommt, fest, und wieviel davon läßt sie in Nächten oder in winterlich langen Tagen wieder in den Weltenraum verfliegen?

Hierzu ein Beispiel aus der Technik: das Glashaus des Gärtners. Glas begünstigt die Speicherung von Wärme aus der Sonnenstrahlung. Es läßt die Sonnenstrahlen in dem Bereich der Regenbogenfarben durch: Das Licht wird am Boden des Glashauses in Wärme umgesetzt. Dieser wird im Mittel auf 15—20 Grad erwärmt. Auch ein Körper dieser Temperatur strahlt aus, genau wie die Sonne mit ihren 5500 Grad Strahlung leistet. Die Strahlung der Sonne liegt aber in Wellenlängen des sichtbaren Lichts, die Strahlung des Erdbodens unter dem Glashaus im unsichtbaren, langwelligeren Infrarot. Wie bei einem nur heißen, aber noch nicht glühenden Eisen ist der ausgestrahlte Wellenbereich hier ins Infrarot verschoben. Glühendes Eisen aber leuchtet auch mit seiner höheren Temperatur im sichtbaren Rot.

Unser Glas ist ein Filter in einigen Bandbreiten des Infrarot. Jetzt kommt die eigentliche Glashauswirkung zur Geltung; denn die Infrarotstrahlung des Erdbodens im Glashaus, die bei der Temperatur

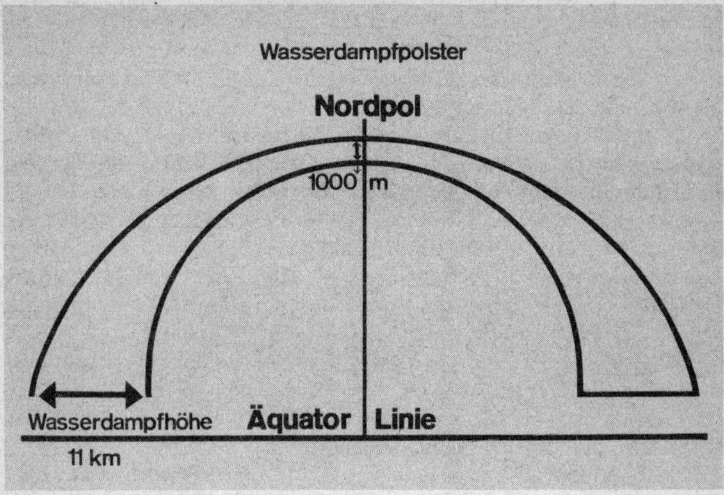

Bild 31: Die durchschnittliche Mächtigkeit des Wasserdampfpolsters über der Nordhalbkugel

von 20 Grad abgegeben wird, kann nicht voll durch das Glas nach außen treten. Also wird unsere von der Sonnenstrahlung eingefangene Wärme, die als sichtbares Licht durch die Fenster des Glashauses eintrat, als Infrarot im Glashaus festgehalten (Bild 32).

Was dem Gärtner das Glas ist, ist dem Meteorologen sein Wasserdampfpolster. Ein dickes Wasserdampfpolster heißt, wir sind wie durch eine dicke Glasschicht geschützt; der atmosphärische Wasserdampf ist durchsichtig gegen sichtbare Strahlung, aber undurchsichtig in verschiedenen Bändern des Infrarot. Es geht dabei in der Natur ein wenig ungerecht zu. In Nähe der Pole der Erde nämlich, wo sowieso wenig Sonnenstrahlung angeboten wird, wird das bißchen Strahlung größtenteils von Eis und Schnee reflektiert und überdies wegen des wenigen Wasserdampfes in der Atmosphäre nicht festgehalten.

Das zehnmal dickere Wasserdampfpolster über dem Äquator, das von der starken Sonneneinstrahlung erzeugt wurde, indem sie auf feuchte Niederungen oder große Ozeanflächen fiel, sorgt dagegen für die Erhaltung der Strahlungswärme der Tropen.

Hier sind wir an den Anfangspunkt unserer Betrachtung zurückgekehrt. Wir wissen, wie es zu einem horizontalen Wärmegefälle auf der Erde, global gesehen, gekommen ist, einem Gefälle zwischen den äquatorialen Gegenden, die sich warm halten durch ihr großes

Wasserdampfpolster, und den polaren Gegenden, die auskühlen, weil ihnen die nötige Wasserdampfschutzdecke fehlt, und dies auch wieder, weil das Angebot an Sonnenstrahlung zur Entwicklung einer solchen Schutzdecke nicht ausreicht.

Vergleichen wir zuletzt noch die jahreszeitlichen kontinentalen und maritimen Verhältnisse unseres eigenen Lebensraums der gemäßigten Breiten. Wenn die gemäßigten Breiten Sommer haben, dann verhalten sie sich tropisch: Es baut sich ein dickes Wasserdampfpolster über diesem Klimagürtel auf. Wenn wir jedoch Winter haben, dann werden die Strahlungs- und Wasserdampfbedingungen polähnlicher. Wir haben dann also nur ein dünnes Wasserdampfpolster zur Verfügung.

Der August ist bei uns ein Monat, der in seiner Sonnenzustrahlung dem Mai sehr ähnlich ist. Aber den Augusttagen gehen Wochen der Sommerwärme voraus, den Maitagen dagegen Wochen winterlicher Kühle. In den Vorwochen des August also ist bereits ein dickes Wasserdampfpolster aufgebaut worden, in den Vorwochen des Mai fehlt es. Die Mainächte sind erfahrungsgemäß die kälteren, die Augustnächte die wärmeren Nächte, weshalb wir unsere Lampion- oder Gartenfeste im August zu halten pflegen und nicht schon im Mai.

Die gleiche Betrachtung gilt grundsätzlich auch für die Wesens-

Bild 32: Die Wirkung eines Glashauses; die Abstrahlung des erwärmten Bodens wird vom Glas nicht mehr durchgelassen

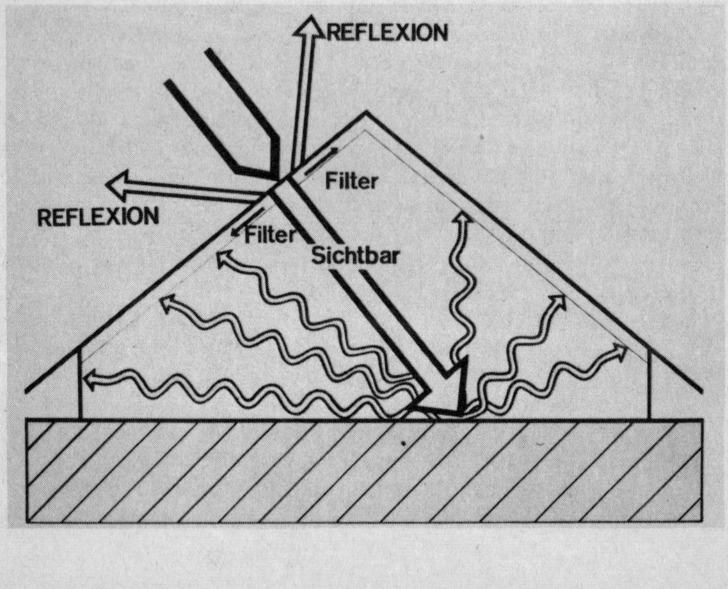

merkmale kontinentalen und maritimen Klimas. Nehmen wir winterliche Verhältnisse als Beispiel. In Nordamerika können große Kälterückfälle im Winter auch an der Ostküste, gegen den Nordatlantik hin, eintreten. Kälterückfälle in gleicher Häufigkeit und Strenge fehlen an Europas Westküste. Auch dieser Unterschied ist eine Frage des Wasserdampfpolsters. Beide Ufer des Atlantik haben, weil sie gemäßigten Breiten angehören, einen ständigen Westwind. Den Leuten an der Ostküste Nordamerikas aber, sagen wir von New York bis Boston oder Neufundland hinauf, bläst der Westwind ständig kontinentale Luft heran, Luft, die trocken ist, die aus einem kalten, polaren Winter stammt, die kein Wasserdampfpolster hat. Auf der europäischen Seite aber haben wir mit dem Westwind maritimen Einfluß: Der Westwind bläst uns eine feuchte Seeluft heran. Die feuchte Luft bringt uns auch im Winter einen Wärmeschutz durch hochreichendes Wasserdampfpolster von See her. Der Schutz ist im allgemeinen größer, als normalerweise im Winter in unseren Breiten zu erwarten wäre.

Auf- und Abwinde

Wenn wir den Wechsel des Wetters erleben, erleben wir gleichzeitig den Wechsel von Auf- und Abwinden. Aufwinde bestimmen das schlechte Wetter, Wolken und Niederschlag — Abwinde das schöne Wetter. Aufwinde kommen zustande, wenn Luft in Erdbodennähe erhitzt wird; sie steigt dann von selbst als Heißluft auf. Die Erhitzung wird im Sommer geleistet durch die Sonne, die besonders einen strahlungsanfälligen Boden, wie Sand und Heide, schnell zum Erhitzen bringt. Eine benachbarte Wiese, ein Fluß oder eine offene Wasserfläche werden weniger erhitzt, so daß auf der Sandheideseite warme Luft aufsteigt und auf der Wasserseite die kältere Luft nach unten sinkt. Statt einem Nebeneinander von Kalt und Warm gibt es auch ein Übereinander. In jedem Fall kommt es unter solchen Bedingungen zu Quellbewölkung (Bild 33).

Die Segelflieger haben schnell gelernt, eine solche Heißluftblase, die in die Quellwolke hineinsteigt, auszunutzen. An ihren Übungsplätzen sieht man sie oft in sehr engen Kurven um die Untergrenze einer solchen Quellwolke kreisen. Sie nennen den Vorgang: Thermik segeln. Thermik ist also ein Aufwindschlauch, ernährt von heißer Luft.

Bild 33: Quellbewölkung

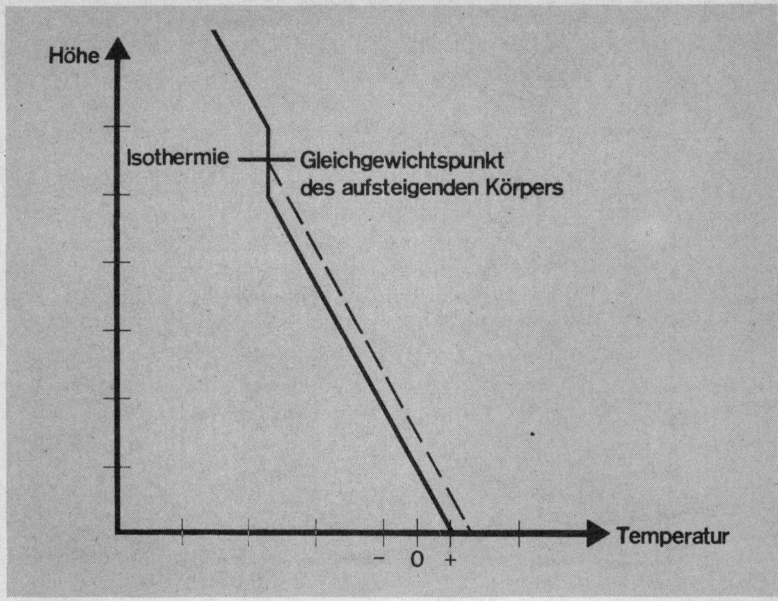

Bild 34: Wärmere Luft (gestrichelte Linie) hat so lange Auftrieb, bis sie ebenso kalt ist wie die Nachbarschaft

Wie es sich mit dem Übereinander von Kalt- und Warmluft und dem gleichzeitigen Nebeneinander verhält, zeigt Bild 34. Die Senkrechte trägt eine Höhenskala, die Waagerechte eine Temperaturskala. In der Atmosphäre nimmt normalerweise die Temperatur mit der Höhe ab. Wenn wir von der Voraussetzung ausgehen, daß warme Luft in Nachbarschaft von kalter Luft nach oben drängt, so stellt sich das in unserer Zeichnung durch zwei Temperaturverläufe dar: Die Luft steigt in der Wolke auf, kühlt sich während des Aufsteigens selbst ab, aber bleibt immer noch wärmer als die kühlere Nachbarluft, so daß der Temperaturunterschied zwischen den beiden Luftkörpern zunächst gleichbleibt, in der Wolke wie außerhalb, bis wir auf eine Höhe kommen, wo die normale Temperatur in der Atmosphäre nicht mehr abnimmt. Gleichbleibende Temperatur, *Isothermie* genannt, ist hier ein besonderes Merkmal, bei dem unsere mit der Höhe kühler werdende Wolke sich der Temperatur der Umgebung, in welcher die Isothermie auftritt, nähert. Wir können da geradezu von einer Thermikbremse sprechen. Die aufsteigende Luft der Wolke kommt an dieser Stelle in ihr Auftriebsgleichgewicht. Etwas ähnlich, vielleicht

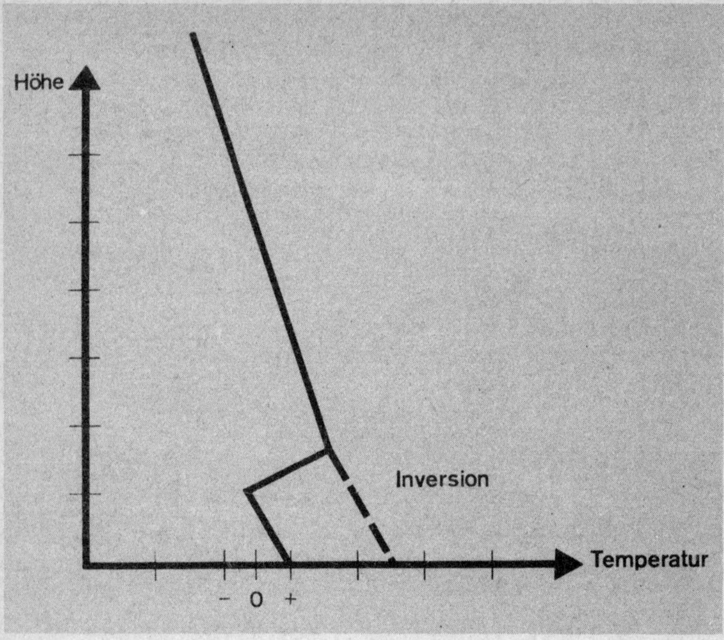

Bild 35: Der Auftrieb warmer Luft wird schnell gesperrt, wenn auch in der Höhe warme Luft liegt

noch schärfer betont, kann die Situation sein, wenn die Temperatur in der die Wolke umgebenden Luft mit der Höhe zunimmt. Das ist ein nicht üblicher Befund, umgekehrt zum Normalfall. Diese Umkehrung heißt man *Inversion,* Temperaturumkehr (Bild 35). Wir stellen zunächst abnehmende Temperatur mit der Höhe fest, dann eine Inversion. Die Inversion ist wieder ein Stop für unsere Thermikbewegung: Unsere Wolke kommt an der Inversion zur Ruhe.

Neben der thermischen Einflußnahme auf das Aufsteigen der Luft gibt es eine erzwungene Hebung, zum Beispiel, daß ein Gebirgshang die Luft durch Windstau hebt. Die Luft, die über ein Gebirge in Richtung des tiefen Drucks streicht, wird am Hang aufwärts geführt. Es kommt auch in einem solchen Fall zu Wolkenbildung, wenn nicht sogar zu Niederschlägen (Bild 36). Daher ist die Luft, wenn sie über das Gebirge weggeht, trockener und kommt trockener auf der anderen Seite an, auch etwas wärmer, weil der Niederschlag auf der Stauseite zusätzlich Wärme (die sogenannte latente Wärme, die im Wasserdampf enthalten ist) freigesetzt hat. Für eine weitere und jetzt erhebliche Erwärmung der Luft sorgt ihr nunmehriges Absteigen am leeseitigen Hang (Bild 38, wo der gleiche Vorgang beim Übersteigen einer Kaltluftmasse dargestellt ist).

Am meisten bekannt ist eine solche Wetterlage als Föhn über den Alpen. Südwind staut sich, besonders gern im Herbst, an der Südflanke der Alpen, auf der italienischen Seite. An den Südhängen fällt ergiebiger Niederschlag, der oft zu Überschwemmungen in der Po-Ebene führt. Auf der Nordseite, in den Alpentälern und im Alpenvorland, haben wir zu gleicher Zeit Föhn, einen warmen, trockenen Fallwind. Er bringt sehr reine Luft mit hervorragender Fernsicht, strapaziert aber wegen des plötzlichen Feuchtigkeitsabfalls die Wasserhaushaltsumstellung empfindlicher Menschen oft höchst unangenehm. Im Winter erweist er sich als Eis- und Schneefresser; die Temperaturen steigen gelegentlich um 20 Grad an. Manchmal reichen die nicht ganz ausgeregneten Wolken über das Gebirge hinweg, als «Föhnmauer», mit gerade abgeschnittenem nördlichen Rand. Oft auch zeigen sie sich als linsenförmige Wolken und verraten damit, daß die Luft in ihnen in eine Abwärtsbewegung übergeht (Bild 37).

Die Wolke wird von den Rändern her aufgelöst, d. h. ausgetrocknet oder, so der Fachausdruck, abgeschmolzen. Die Wolkentröpfchen verdunsten in der wachsenden Temperatur der absinkenden Luft. Auch im Flachland ist eine solche Wolkenform ein Merkmal für Wol-

Bild 36: Wolkenstau an einem Gebirge

Bild 37: Linsenförmige Wolken zeigen Föhn oder anderweitige Auflösung von Wolken an. Nicht selten sind Linsenbänke in regelmäßigen Abständen angeordnet; das deutet auf Wellenvorgänge in der Atmosphäre

kenauflösung, etwa, wenn eine Schlechtwetterzone sich in Auflösung befindet.

Manchmal stehen diese Art Wolken in gleichabständigen Bänken über der Leeseite des Gebirges. Das ist dann ein Zeichen für Wellenvorgänge in der Luftströmung leewärts der Berge. Solche Leewellen nutzen Segelflieger gern zu einer Art Wellenreiten aus, nachdem sie sich von Motorflugzeugen auf 2000–3000 Meter Höhe haben schleppen lassen.

Bei Nordwind kommt die Staulage auf die nördliche Seite der Alpen. Die Föhnlage zeigt sich auf der südlichen, der italienischen

Seite. Im Sommer bringt sie den nördlichen Alpen und ihrem Vorland den bei Urlaubern berüchtigten, langanhaltenden, sehr kühlen Schnürlregen.

Der Föhn kann aber überhaupt als ein Modell für einen Schlecht- und Gutwettervorgang dienen, wie wir ihn auch über flachem Land oder gar über dem Meer beobachten können. In flacher Landschaft haben wir, insbesondere im Frühjahr und Herbst, wechselweise scharfe Einbrüche kalter oder warmer Luft. In Bild 38 stellt der schattierte Teil Kaltluft, der nichtschattierte, helle Teil Warmluft dar. Die Kaltluft legt sich immer unter die Warmluft, weil sich so eine statisch stabile Schichtung ergibt. In der Silhouettenansicht zeigt sie eine domartige Form, wie ein Gebirge. Wenn die warme Luft über dieses Kaltluftprofil hinwegstreicht, ist die gleiche Ausgangsbedindung wie beim Föhn geschaffen. An einem solchen (uns unsichtbaren) Hindernis kommt es genauso zu Staulagen wie an einem Gebirge. Auf der Stauseite entstehen auch hier Wolken und Niederschlag. Die Warmluft gleitet an der Hangseite der Kaltluft auf, mit denselben Schlechtwettermerkmalen wie Stau im Gebirge. Die Meteorologen nennen eine solche Hangseite eine *Wetterfront*, hier ist es eine *Warmfront*. Auf der anderen Seite des Kaltluftgebirges kommt dann

Bild 38: Wärmere, mehr wasserdampfhaltige Luft regnet vor einem Kaltluftgebirge aus, der Rest der Wolken löst sich beim Absinken hinter der Kaltluft in zunehmender Erwärmung auf

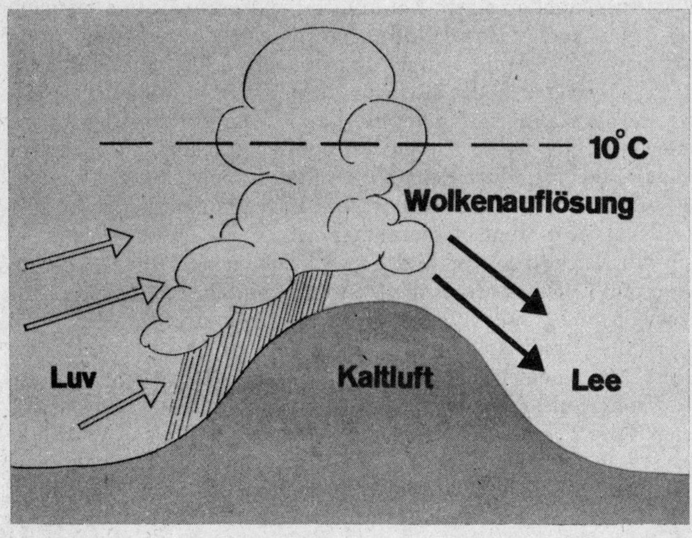

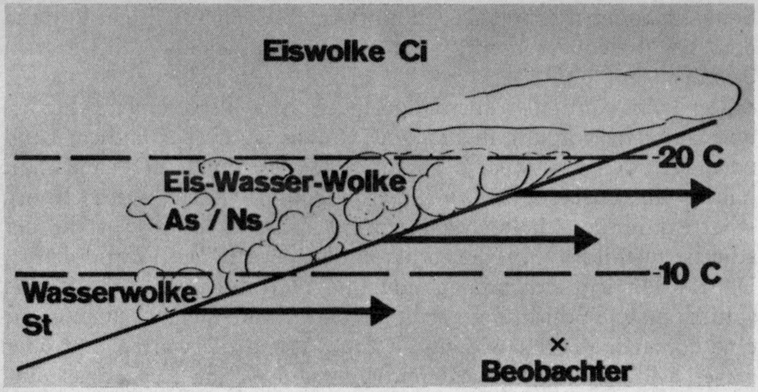

Bild 39: Stauseite des Kaltluftgebirges. Der Regen am «Gebirgshang», in Nähe der –20-Grad-Linie erzeugt, fällt zum Beobachter unter dem Kaltluftgebirge herein. Die Eiswolke heißt Cirrus (Ci), die Eis-Wasser-Wolke Altostratus (As) und, wenn sie regnet, Nimbostratus (Ns), die Wasserwolke Stratus (St)

eine Leeseite zustande, die mit allen Merkmalen von Schönwetter verbunden ist. Auch an solchen Wetterfronten müssen, wie im Gebirge, Wolken bis –10 Grad aufsteigen oder sich wenigstens während des Aufsteigens abkühlen, damit es zum Niederschlag kommt.

Das Aufgleiten an einem Kaltluftgebirge drückt sich in schlechtem Wetter aus. Verschiedene Wolkenetagen zeigen zunächst eine tiefe Schichtbewölkung, die dünn in unteren Schichten dahinzieht (Bild 39). Darüber bildet sich eine geschlossene mittelhohe Bewölkung, die der Hangneigung unseres Kaltluftgebirges folgt. Die Sonne scheint noch als weiße Zunge durch diese transparenten Schichtwolken (Bild 50). Kurz danach aber ist die Bewölkung schon geschlossen. Die Sonne verschwindet, Landregen kommt heran. Er dauert sechs bis acht Stunden, manchmal mehr als 24 Stunden; denn am Hang des Kaltluftgebirges bilden sich immer neue Wolken. Irgendwo weit im Osten haben es die Menschen gut. Dort kommt dieselbe Luft wieder aus großer Höhe herunter, trocken und wolkenarm.

Der Effekt erstreckt sich bis zu 12 Kilometer Höhe hinauf; kalte Luft hat sich zu einem Berg angesammelt. Der Kaltluftberg wandert, aber wandert nicht so schnell wie die Warmluft aus der Umgebung. In der Höhe zieht die Warmluft doppelt so schnell wie das Kaltluftgebirge unter ihr über die Flachlandschaft dahin. 80 Stundenkilometer ist vielfach der Höhenwind, und dann nur 40 Stundenkilometer der Bodenwind, der die Kaltluft weiterverfrachtet. Und damit kommt eine Stauseite auf der linken Seite des Bildes 38 und eine Leeseite auf der rechten zustande.

Auf der Stauseite werden Wolken gebildet wie vor einem Gebirge. Eis- und Wassergewölk zusammen sind erforderlich, damit es auf der Stauseite zum Niederschlag kommt. Dann haben wir schlechtes Wetter, das schlechte Wetter an einer Warmfront, das ist die windzugewandte, der Warmluft zugewandte Hanglage, die stauwärtige Hanglage am Kaltluftgebirge. Solches Wetter wird als *Vorderseitenwetter* bezeichnet. Es bedeutet Landregen, verbunden mit strukturloser Schichtbewölkung. Dem entspricht ein *Rückseitenwetter*, ein Wetter, das wir im Kaltluftgebirge selbst vorfinden. Es zeigt thermische Hebung; denn Kaltluft erwärmt sich aus einem wärmeren Untergrund, über den sie fließt. Erst danach wandern wir, wenn wir durch das Gebirge hindurch sind, auf eine Leeseite. Die Warmluft bringt dort schönes Wetter, wenn sie den leewärtigen Hang zu Tal stürzt. Hier tritt Aufheiterung ein, weil sich ja unsere Wolken ausgeregnet haben und sich nunmehr die warme Luft wasserarm auf der leewärtigen Seite in das Tal herunterbegibt. Abgleiten — Schönwetter.

Der Wechsel in diesem Rhythmus ist im Frühjahr und Herbst besonders ausgeprägt: ein Wechsel von Kaltluftbergen und Warmluftzwischenräumen. Mehrere Kaltluftgebirge ziehen nacheinander eingebettet in der Westwindzone über Mitteleuropa hinweg. Es stellt sich in der Praxis eine recht gleichmäßige Periode der Wanderung in recht gleichmäßigen Zeitintervallen ein, zum Beispiel in einem Abstand von 48 Stunden. So wiederholt sich ein Wettertyp bei kräftigem Westwind immer nach 48 Stunden, woraus sich auch die allgemeine Volksregel herleitet: «Wie der Freitag sich neigt, so der Sonntag sich zeigt.»

Gewitter

Mächtig sich auftürmende Quellwolken sind ein Zeichen dafür, daß sich ein Gewitter nähert. Mächtig sich auftürmende Quellwolken waren aber auch das Merkmal allgemeiner Schauertätigkeit. Zwischen Schauer und Gewitter ist gar kein so großer Unterschied. Er ist nur graduell, nicht prinzipiell. Im Gewitter baut sich im Vergleich zum Schauer ein extrem heftiger Aufwind auf. Die Quellbewölkung wächst sehr schnell nach oben, weswegen sie zwei zusätzliche Merkmale hat: 1. das Merkmal der elektrischen Entladung und 2. das Merkmal der starken Niederschlagsbildung, sei der Niederschlag flüssig als großtropfiger Regen oder gar in Hagelform.

Wir merken uns: Starker Auftrieb entwickelt elektrische Ladungen. Die Ladungen tauschen sich durch Blitze aus. Starker Auftrieb zeigt sich durch große Niederschlagspartikel an, mögen diese fest oder flüssig sein.

Im Innern der Quellwolke befindet sich der eigentliche Aufwind, nämlich die heiße Luft, die von unten aufgestrudelt wird. Das Wachstum der Quellwolken ist verschiedentlich gemessen worden: Im Extremfall können Wachstumsgeschwindigkeiten der Gewitterwolke direkt nach oben von etwa 60 Stundenkilometer eintreten. Wenn die Wolkenbasis sich also in 1 Kilometer Höhe bildet, so wäre der Wolkenturm damit in fünf Minuten auf 6 Kilometer Höhe gewachsen. Gleichzeitig ist in der Quellwolke die vertikale Windgeschwindigkeit sehr hoch, meist doppelt so hoch wie das Wachstum der Wolke. Das kann man als einen senkrecht nach oben gerichteten Orkan ansehen.

Wie kommt es nun zu der elektrischen Ladung in einer Gewitterwolke, die mit dem Blitz endet? Ich erinnere dabei an Vorgänge, die unter «Wolken und Niederschlag» erklärt wurden.

Die Atmosphäre ist ein elektrisches Feld. Dieses Feld ist mit Ionen, kleinsten Elektrizitätsträgern, bevölkert, die sich frei bewegen können. Die Meeresoberfläche und der Erdboden sind vorzugsweise elektrisch negativ aufgeladen. In höheren atmosphärischen Schichten haben wir zunehmend positive Ionen. So ist in 10 Kilometer Höhe eine überwiegend positive Ionenbevölkerung (Bild 40). Zwischen Erdboden und 10 Kilometer Höhe besteht ein elektrisches Spannungsgefälle, weil Luft, besonders in unteren Schichten, ein schlechter elektrischer Leiter ist. Das Spannungsgefälle beträgt im unteren Luftraum etwa 140 Volt pro Meter. Wir nennen das die Feldstärke. Die mittlere Feldstärke der ruhenden Luft ist also in unteren atmosphärischen Schichten 140 Volt pro Meter und nimmt nach oben ab, weil Luft mit zunehmender Ionendichte immer leitfähiger wird.

Infolge der Polarität zwischen Boden und höheren Luftschichten befinden sich in ruhender Luft negative Ionen ständig auf der Wanderung nach oben auf das positiv geladene Feld der höheren Luftschichten zu und positive Ionen auf der Wanderung von oben nach unten auf den negativ geladenen Erdboden zu. In ruhender Luft versucht sich die Polarität derart auszugleichen. Sie wird darin durch nicht zu intensive Konvektion, d. h. Auf- und Abbewegung der Luft, unterstützt. Reichert sich aber der untere Luftraum einmal mit Industrieabgasen, Staub oder Rauch an, so kommt es ausnahmsweise zur Ausbildung sehr schwerer positiv geladener Ionen über dem Boden selbst (Bild 40).

Wenn nun in dieser ruhigen Situation, bei der immer ein ständiger Ionenfluß vom Positiven zum Negativen und umgekehrt abläuft, Wolkenelemente gebildet werden, d. h. kleine Wolkentröpfchen oder auch Eispartikel, dann fangen diese die freien Ionen ein. Dort, wo wir

Bild 40: Verteilung positiver und negativer Ionen in der Atmosphäre

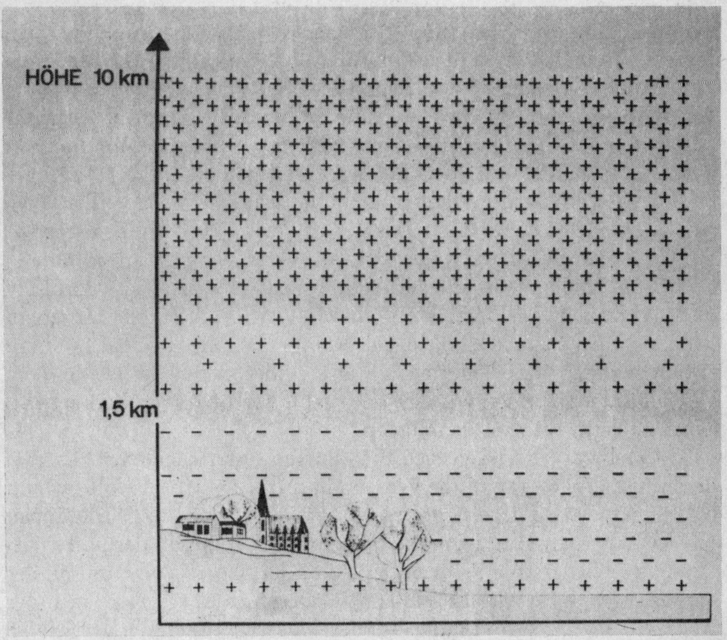

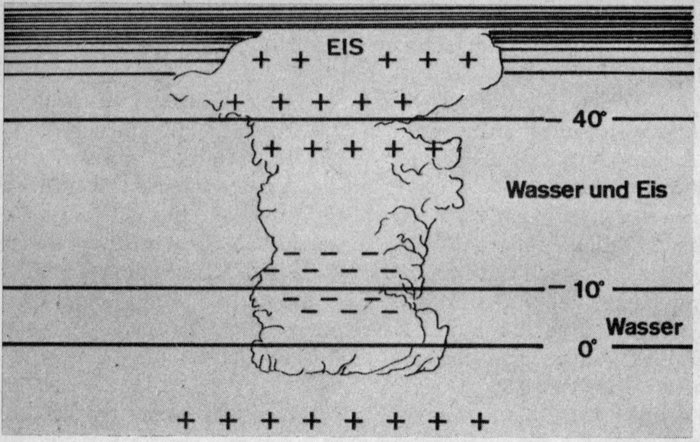

Bild 41: Verteilung positiver und negativer Ionen in einer Quellwolke

Tröpfchen haben, befinden wir uns noch in erdbodennahen Luftschichten, wo eine Übervölkerung negativer Ionen vorherrscht. Wir werden daher eine Neigung zur Überschwemmung mit negativen Ionen auf den Tröpfchen feststellen, wobei Angebote positiver Ionen unterdrückt werden. In der Eisphase, die in den höheren Schichten der Wolke vorherrscht, wo auch die wolkenfreie Atmosphäre mehr positive Ionen bereitstellt, haben wir eine Überschwemmung mit positiven Ladungen auf den kleinen Eiselementen (Bild 41). Angebote negativer Ladung werden hier unterdrückt (Bild 20). Dort, wo sich die beiden Phasen Eis-Wasser und Positiv-Negativ begegnen – das wäre in der Wolke etwa bei der –12-Grad-Temperaturschwelle –, begünstigt die gegensätzliche Ladung das gegenseitige Berühren und Anfrieren der unterkühlten Wolkentröpfchen an Eisnadeln (Bild 21). All das ist schon bei der Frage der Niederschlagsbildung erklärt worden. Niederschlagsbildung findet vorzugsweise in dem Wolkenraum statt, wo wir den Übergang von der einen Ladungsart, der negativen, zur positiven haben.

In Quellwolken lassen sich drei Etagen unterscheiden (Bild 22): der untere Wolkenraum (die Wasserphase), der mittlere Wolkenraum (die Eis-Wasser-Phase), wo sowohl Wasser wie Eis vorkommen (dieser Zwischenraum wäre die Höhe in der Wolke, in der normalerweise der Niederschlag sich bildet), und der obere Wolkenraum, der die reine Eisphase enthält. Nun wird aber mit dem Auskämmen der freien Ionen, die sich ja auf Eis- oder Wasserpartikelchen der Wolke aufsetzen, die elektrische Leitfähigkeit der Luft in der Wolke verringert, da die Zahl der freien Ionen die elektrische Leitfähigkeit der Atmosphäre bestimmt. Elektrisch gegensätzliche Ladungen können sich hier also ohne einen Ausgleich in krassem Gegensatz auf engerem Raum aufbauen. Solange noch keine Tröpfchen oder Eisnadeln in die Luft eingebracht sind, wird der Ausgleich zwischen elektrisch positiv und negativ geladenen Räumen durch das freie Bewegen der Ionen besorgt. Wenn nun aber diese Ionen fest mit den Wolkenelementen verklammert werden, dann stehen sie zum Ladungstransport nicht mehr zur Verfügung. Daher ist in dem Zwischenraum der ionenverarmten Luft die Möglichkeit hoher elektrischer Feldstärke gegeben. War die normale Feldstärke der ruhigen Luft in Bodennähe 140 Volt pro Meter, so ist in Wolken großer Tröpfchen- oder Eisnadelbevölkerung die Zahl der freien Ionen so klein geworden, daß die elektrische Feldstärke auf das hundertfache, wenn nicht tausendfache wachsen kann, also 10 000 oder gar 100 000 Volt pro Meter. Wenn wir dann eine Entfernung zweier gegensätzlicher Ladungen etwa von 5–6 Kilometer zwischen Wolken oder zwischen Wolke und Erde haben, kommen wir schon in Größenordnungen von 100 Millionen oder gar 1 Milliarde Volt.

Die Frage ist jetzt, wovon hängt, anders als beim gewöhnlichen Schauer, dieses starke Anwachsen der Feldstärke ab? Es hängt ab vom extremen Auftrieb in der Wolke. Bild 42 zeigt den Übergangsraum zwischen Plus für den Eisraum und Minus für den reinen Wasserraum der Wolke. Was leistet daran der starke Auftrieb? Er leistet einen ständigen Nachschub von Wasser in Gasform. Das verfügbare Wasser in Gasform wird in der Wolke schnell in Tröpfchen umgewandelt, je mehr gasförmiges Wasser, desto mehr Tröpfchen. Das heißt also, die Tröpfchendichte oder auch oben die Eisdichte in der Wolke hängen sehr stark davon ab, mit welcher Geschwindigkeit die Luft nach oben schießt. Fährt sie mit hinreichend hoher Geschwindigkeit aufwärts, ist die Bevölkerungsdichte an Tröpfchen oder an Eis sehr viel größer, sehr viel größer damit aber auch die Ladungsbindung, d. h. das Einfangen aller Ionen der ehemals wolkenfreien Luft. Die freie Luft zwischen den Wolkentröpfchen innerhalb der Wolke wird immer weniger elektrisch leitfähig.

Im Bild 43 kommen die beiden Ladungsarten immer näher zusammen, je stärker der Auftrieb in der Wolke anwächst. Lassen wir die Eisphase in den höheren Schichten oberhalb –10 Grad bestehen und anstelle herunterfallender Eiskörner sich immer neu bilden und damit wieder elektrisch positiv aufladen, dann folgt ihr gleichzeitig mit dem Auftrieb die negative Ladung, d. h. der Tröpfchennachschub

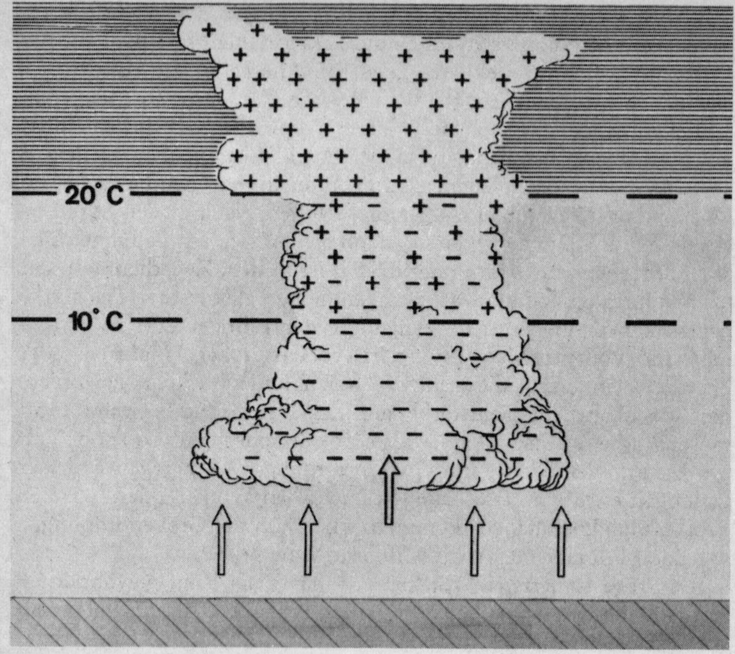

Bild 42: Übergangsraum zwischen Eis- und Wasserphase in einer Quellwolke

von unten, sehr schnell nach. Ich habe hierfür die Bezeichnung *Potentiallinie* gewählt, die man in der Physik gern braucht. Sie soll in diesem Zusammenhang eine Linie gleicher Ladungsdichte bedeuten, sei sie nun positiv oder negativ orientiert (gewöhnlich von Plus nach Minus). Dort, wo sich die Linien eng begegnen, ist das entsprechende Ladungsgefälle größer als an der Stelle, wo sie weit auseinanderliegen. Die Feldstärke ist groß im großen Gradienten (Spannungsabfall) und klein, wo die Potentiallinien weit auseinandergerückt sind. Die Abstände der Potentiallinien sind ein Maß der elektrischen Kräfte, die wirken. Wo wir hohen Auftrieb haben, wird von unten immer ein genügender Vorrat von negativer Ladung nach oben geschoben und erhöht das Spannungsfeld dort, wo unsere Potentiallinien eng aneinanderkommen. Dort wird schließlich die elektrische Feldstärke so groß, daß trotz schlechter Leitfähigkeit der Luft der elektrische Ausgleich spontan durch eine Funkenentladung, d. h. durch einen Blitz, erfolgt.

Es kommen zuerst Wolkenblitze zustande, bevor Erdblitze beobachtet werden. Der Wolkenblitz gleicht innerhalb der Wolke die positiven und die negativen Felder miteinander aus. Jedoch schafft ein einzelner Blitz oder auch eine Folge solcher Wolkenblitze den vollen Ausgleich nicht, denn an der Wolkenuntergrenze wird durch den Auftrieb immer wieder neu negativ geladene Raumladung angebaut. Es wird immer wieder Reserve von unten herbeigeschafft, die nicht voll durch den Wolkenblitz ausgeglichen werden kann. Was passiert dann weiter? Die Wolke zieht über eine Landschaft dahin, oben ihr positiver Teil, unten der negative (Bild 42). Der niederschlagsbildende Teil ist dort, wo (+) (–) (+) (–) steht. Im gleichen Maß, wie nun der untere, negative Teil der Wolke über die Landschaft hinwegzieht, bildet sich am Erdboden selbst eine positive Aufladung (Bild 41). Die vertikale Luftumlagerung, die in einer Gewitterwolke sehr stürmisch abläuft, wird gern mit der Rotation des Magnetankers in einem elektrischen Generator verglichen. Deswegen wird das Gewitter auch als Elektrizität erzeugende, genauer: ladungstrennende Maschine bezeichnet.

Der zweite Teil eines Gewittermerkmals ist kürzer: der groß-

Bild 43: Die elektrische Spannung in der Atmosphäre, die zu einem Gewitter führt. Niederschlag als Eis (Kreuz in Dreieck) trägt positive Ladung der negativen entgegen, die mit dem Aufwind nach oben steigt

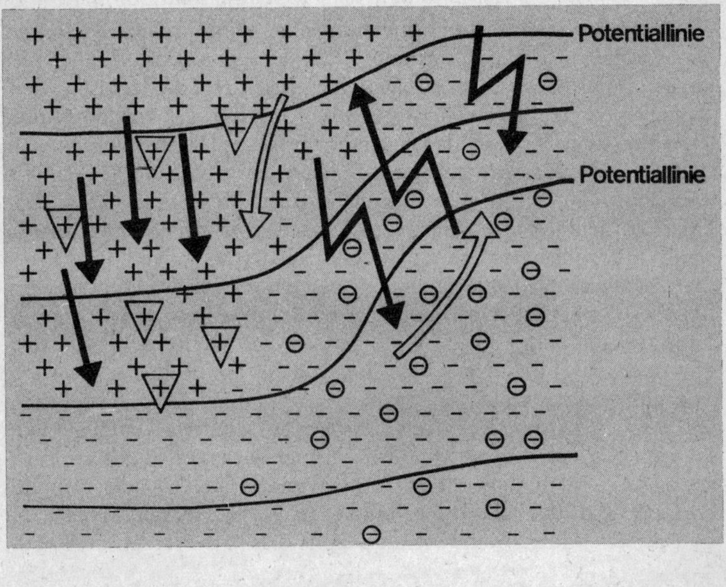

tropfige Niederschlag oder Hagel. Unsere Wolke wird durch den Auftrieb gebildet. Der Auftrieb bestimmt die Verweilzeit von größeren Hagelschlossen in der Wolke, nachdem sie sich dort gebildet und dabei eine Menge Wärme an die Wolkenluft abgegeben haben. Die Auftriebsstärke bestimmt daher auch die Hagelgröße. Je höher der Auftrieb, um so mehr Tröpfchen werden von unten nachgeschoben, die sich an das oben gebildete Eis anlagern. Zum zweiten aber wird natürlich die Verweilzeit eines Eiskorns um so größer, je stärker der Auftrieb ist. Das ist ähnlich wie bei einem Ball, der auf einer Wasserfontäne tanzen kann. So wächst auch ein schweres Hagelkorn heran, solange der Auftrieb das Hagelstück in solcher Wolkenhöhe hält, wo die Temperatur kälter als Null ist und mit dem Auftrieb in der Wolke hinreichend unterkühlte Tröpfchen zur Anlagerung an das Hagelstück nachgeschoben werden. Man könnte also die Hagelkorngröße unmittelbar zum Maß des Auftriebs machen. Das macht man neuerdings auch in der zivilen Luftfahrt, wo die Flugzeuge ein Radargerät zur Niederschlagsanmessung mitführen. Niederschlagsgröße und Vertikalwind in der Wolke stehen in einem meßbaren funktionalen Zusammenhang.

Das Radar ist in der Bugnase des Flugzeugs angebracht. Es tastet dem Flug vorausliegende Wolken darauf ab, ob sich etwa Hagel in ihnen gebildet haben könnte. Damit ergibt sich ein Maß für die Stärke des Auftriebs und hieraus wieder ein Maß für die Turbulenz, der das Flugzeug ausgesetzt wird. Die Messung kann übrigens auch gleichzeitig eine Entfernungsmessung sein. Konzentrische Kreise auf dem Schirm ergeben unmittelbar die Entfernungszuordnung des angestrahlten Gegenstandes. Die Helligkeit des Echoflecks auf dem Radarschirm hängt sowohl von der Entfernung wie von der Größe und Dichte der Niederschlagspartikel ab. Die reflektierenden Partikel können sowohl Tropfen als auch Eis sein. Bei wenigen Partikeln ein ganz schwacher Fleck, bei vielen ein starker. Mehrere große ergeben einen starken Fleck, nur vereinzelte große einen schwächeren. Angetautes Eis ergibt meist ein günstigeres Radarecho als völlig trockenes Eis. Zu kleine Wolkenelemente, die noch nicht Niederschlag sind, liefern so gut wie keine Flecke. Der Radarimpuls geht durch sie hindurch, es gibt kein Echo. Dann haben wir auch keine bemerkenswerten Auftriebsgrößen, und das Flugzeug hat keine bemerkenswerte Turbulenz zu erwarten.

Wann treten nun eigentlich Gewitter auf, und wo treten sie auf? Im Innern eines Kontinents, also beispielsweise im Südosten Europas (nördlicher Balkan bis zur Schwarzmeerküste), ist die Neigung zu Gewittern im Frühsommer größer als im Spätsommer, weil Land sich schneller durch Sonnenstrahlung erwärmt als Wasser. Im Tages-

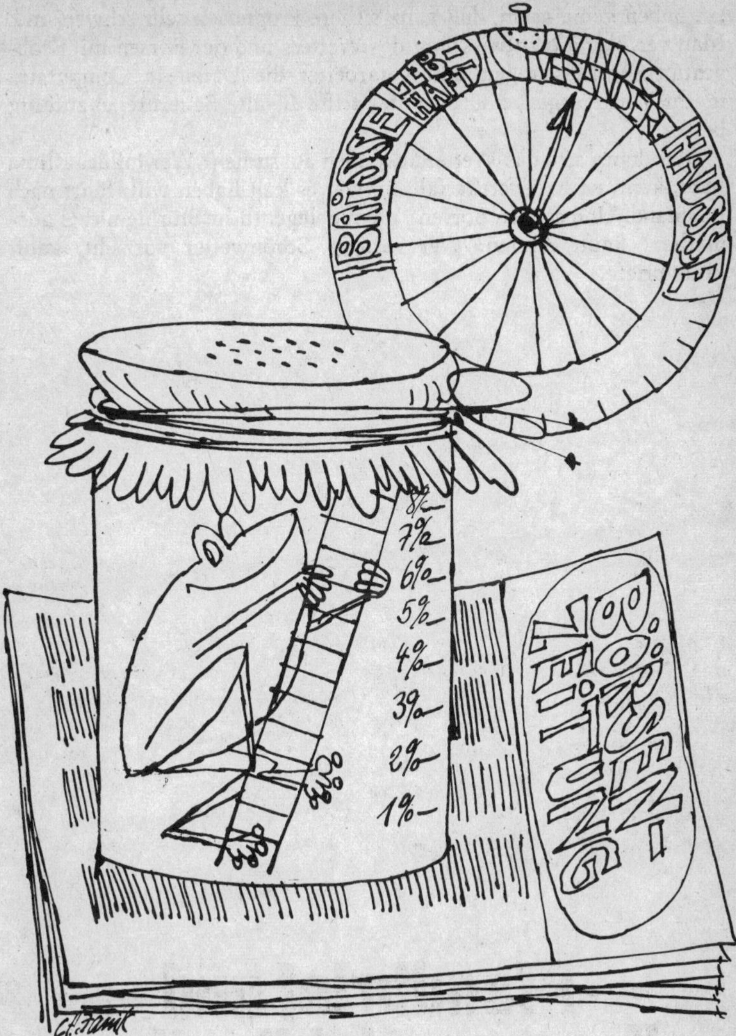

Wetter und Börsen . . .

. . . haben gemeinsam, daß ganz sichere Prognosen sehr schwer sind. Man verfolgt die Entwicklung des Wetters und der Börsen mit Beobachtungen, Messungen und verarbeitet die Daten in Computern, macht Vorhersagen, und mitunter trifft die alte Bauernregel zufällig besser.

Man kann sich das Wetter aber auch aussuchen: Wer mildes Klima liebt, kann nach Teneriffa fahren, wer es kalt haben will, fährt nach Lappland. Und an den Börsen: Wem gelegentliche Stürme nichts ausmachen, kauft Aktien. Wer ruhiges Schönwetter vorzieht, kauft Pfandbriefe.

gang tritt das Gewitter über Land meist in den Nachmittagsstunden bis zum Abend auf. Dies gilt speziell für Wärme- und Überhitzungsgewitter. Die Zahl der Blitze mag größer sein als bei Seegewittern, bei denen ein Gewitter sehr hoch in der Atmosphäre liegt. Kontinentale frühsommerliche Gewitter liegen meist in niedrigeren Höhen.

Im Küstenbereich und über der See braucht der Sommer mehr Zeit, bis das Wasser erwärmt ist. Somit zeigt sich im Frühsommer dort noch keine Gewittertätigkeit. Diese beginnt dann erst etwa im Juli oder im August, in dem sie ihren Höhepunkt erreicht. Anders als Landgewitter sind die Gewitter über See Nachtgewitter und treten gewöhnlich erst in der zweiten Nachthälfte auf. Sie liegen dann, wie gesagt, höher und haben häufiger Wolkenblitze als Erdblitze. Oft ist der zugehörige Donner gar nicht zu hören, man sieht nur Wetterleuchten über See. Das ist ein typisches Merkmal für die spätsommerlichen Gewitter. Wenn in seltenen Fällen bei solchen Nachtgewittern Blitze zur Wasseroberfläche auftreten oder zur Erde nahe der Küste (wo strohgedeckte Bauernhäuser stehen) sind sie meistens energischer als die von frühsommerlichen Landgewittern.

Blitz

In früheren Jahrhunderten, als man noch nichts von Elektrizität wußte, waren Blitze geheimnisvolle Erscheinungen. Sie galten als günstige Zeichen, aber auch als Drohungen oder Strafen von Göttern, als deren Donnerkeile, Donnerbesen, Speere oder Hämmer.

Als die Natur der Elektrizität allmählich bekannt wurde, hat zum erstenmal Benjamin Franklin in den USA im Jahr 1730 versucht, Elektrizität in der Atmosphäre nachzuweisen. Er ließ an einem elektrisch leitfähigen Draht einen Drachen steigen. Damit gelang es ihm, aus der Atmosphäre elektrische Ladungen herauszuziehen. Glücklicherweise unternahm er das nicht während eines Gewitters, sonst wäre seine Laufbahn beendet worden.

Was hat es nun mit Blitzentladungen auf sich? In der Technik spricht man z. B. von *Spitzenentladungen*, Spitzenentladungen an der Spitze eines elektrischen Leiters in einer sehr hoch geladenen Atmosphäre. Zwischen negativen Ladungen in der Atmosphäre und einer positiv geladenen Spitze bilden sich Entladungen in leuchten-

Bild 44: Seltene Blitzaufnahme mit Schleife im unteren Blitzkanal

den Büscheln. Die kleinen negativen Elektrizitätsträger der Atmosphäre fahren dabei in unseren spitzen, positiv aufgeladenen Körper hinein. Sind die Spitzen jedoch negativ aufgeladen, so fahren diese Ladungen aus den Spitzen heraus. So eine Erscheinung heißt *Sankt-Elms-Feuer*, und derartige Spitzenentladungen treten auch an Baumzweigen und Blättern auf, wenn hohe elektrische Spannungen vorliegen. Sie werden gern bei kurzem Schütteln der Zweige ausgelöst. Ähnlich geschieht es in der freien Atmosphäre mit Eisnadeln. Eisnadeln hat die Gewitterwolke an ihrer Obergrenze, weil sie eben dort in die Eisphase eingetreten ist. Diese Eisnadeln, in unendlicher Zahl vorhanden, geben jede für sich eine leuchtende Spitzenentladung, so daß das ganze Feld an der Obergrenze einer Wolke flächig

Bild 45: Die Verästelung eines Blitzes

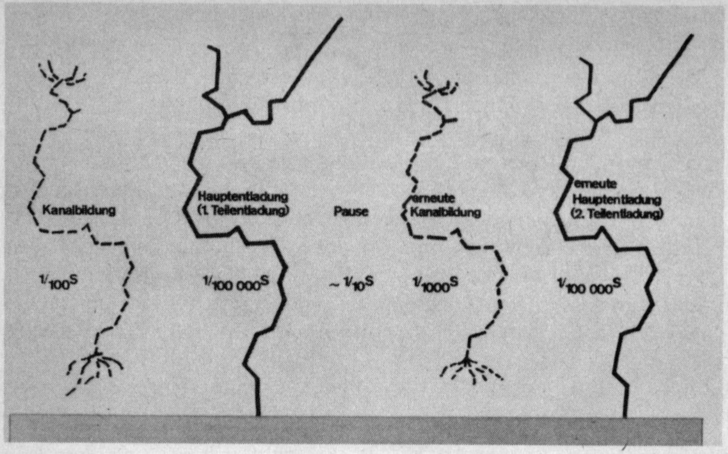

Bild 46: Schema eines Blitzablaufs

aufleuchtet. Von einem Flugzeug in 12—14 Kilometer Höhe sehen die Wolkenkuppen eines Gewitterherdes aus wie eine riesige Glasglocke, die von innen her erleuchtet wird.

Neben den Flächenblitzen sind die schön kanalisierten Linienblitze die bekanntesten. Sie treten auch als Wolkenblitze, aber häufiger beobachtet als Erdblitze auf, wie sie im Zickzack zur Erde fahren. Bild 44 zeigt sogar einen Linienblitz, der, bevor er die Erde erreicht, sich mit einer Nachbarwolke austauscht. Bei Linienblitzaufnahmen fällt die Verästelung des Blitzes auf, wenn er zur Erde herunterfährt (Bild 45).

Eine Blitzentladung läuft in mehreren zeitlichen Phasen ab. Wir unterscheiden drei Phasen (Bild 46): die *Gleitentladung*, die *Fangentladung* und den *Hauptschlag*. Die Gleitentladung leitet, mit 1/100 Sekunde Dauer, die eigentliche Kanalbildung des Blitzes ein. Der Gleitentladung entgegen, eine leitende Verbindung zum Erdboden herstellend, tritt aus spitzen Stellen des Erdbodens eine Spitzenentladung wie im Sankt-Elms-Feuer auf: die Fangentladung. Erst wenn der elektrische Kreis geschlossen ist, setzt die Hauptentladung von 1/100 000 Sekunde Dauer ein. Insgesamt rechnet man für einen Blitzschlag in drei Phasen 1/10 Sekunde. Dann gibt es 1/10 Sekunde Pause, und derselbe Kanal wird noch ein zweites Mal benutzt. Es schlägt noch ein zweiter, manchmal auch ein dritter Blitz nach. Trotzdem reichen diese Blitzschläge nicht aus, die Wolke zu entladen. Meist baut sich in einer Zeitspanne von nur 4 Sekunden eine neue Spannung auf. Dann aber muß sich wieder ein neuer Blitz seinen Weg zur Erde suchen. Wenn wir eine Gewitterdauer von ungefähr zwei Stunden annehmen, können während dieser Zeit 2000 Blitze zur Erde fahren.

Eine Blitzkanalbildung ist ein komplizierter Vorgang. In einer kurzen, etwa 50 Meter langen Röhre fangen elektrische Ladungen an zu wandern. Es sind dies Elektronen oder ionisierte Stickstoffmoleküle, die bei einer genügend hohen Spannung, extrem 10 000 Volt pro Zentimeter, die Wolke verlassen. Die Marschgeschwindigkeit der Ionen beträgt mindestens um 200 Kilometer in der Sekunde. Das ist nämlich eine Marschgeschwindigkeit, bei der das Aufleuchten der atmosphärischen Gase gerade beginnt.

Bewegung von elektrischen Ladungen hat immer gleich eine Nebenwirkung. Die Nebenwirkung besteht darin, daß um diesen elektrischen Stromfluß herum ringförmig ein Magnetfeld aufgebaut wird. Unsere Röhre von 50 Meter Länge mit einem elektrischen Fluß von oben nach unten schließt sich in einen magnetischen Ring ein, dessen Stärke wächst, je schneller und je dichter der Fluß der Ionen durch die Röhre fließt. Die Arbeit, das magnetische Ringfeld aufzubauen, hat aber diesen elektrischen Stromfluß erschöpft. Er «verpustet» sich jeweils nach einer Strecke von 50 Meter. Das Magnetfeld bricht kurzzeitig zusammen, dabei bremst es den Lauf der Ionen ab, indem es einen elektrischen Gegenfluß in Gang setzt. Am unteren Ende der Röhre wird aber ein neues elektrisches Spannungsfeld aufgebaut. Der ganze Vorgang beginnt von neuem mit dem Bau einer weiteren etwa 50 Meter langen Röhre.

Das geht so ähnlich vor sich wie bei den Raucherringen, die ein geschickter Raucher von sich geben kann. Die einzelnen Rauchpartikel, die er ausstößt, bleiben in einem schönen, ringförmigen Zusammenhang. Sie umkreisen gleichsam einen festen inneren Ring als Achse. So ähnlich muß man sich die elektrische freie Stromröhre vorstellen. Die Elektronen stehen für die Rauchpartikel. Die Achse, die beinahe ringartig ist, wäre beim Blitzkanal ein magnetischer Ring, der vom Elektronenschwarm gebildet worden ist. Wie beim ausgestoßenen Rauch sich Rauchring an Rauchring legt, so wird bei der Gleitentladung jedesmal ein neuer Schub, 50 Meter lang, vom Blitzkanal gebildet. Im Schnitt braucht es dazu etwa $^1/_{50\,000}$ Sekunde pro Ring.

Die weiteren Elektronen, die auf einen 50 Meter langen Abschnitt austreten, suchen sich beim kurzzeitigen Zusammenbruch ihres Magnetfeldes wieder den Weg der schnellsten elektrischen Leitfähigkeit in der umgebenden Luft aus. Der liegt meistens nicht in gradliniger Verlängerung des ersten Abschnitts, und so kommt es zum ständigen Wechsel der Richtung jedes 50 Meter langen Schubs, woraus die Zickzackbahn des Blitzes entsteht.

Wenn der leitende Schluß zur Erde mit der Fangladung hergestellt ist, setzt der Hauptschlag ein, der vom Boden zur Wolke nacheinander leuchtend aufzuckt. Er transportiert die Hauptmasse der elektrischen Ladung. Die Teilchen haben hier sehr hohe Geschwindigkeiten, bis zu 1/3 Lichtgeschwindigkeit (Licht rund 300 000 Kilometer in der Sekunde). Der Blitzkanal ist jetzt ganz mit Plasma erfüllt. Plasma ist ionisiertes Gas. Positive und negative Ionen, die schnellen Elektronen, existieren nebeneinander. Dabei entsteht eine Wärme bis zu 24 000 Grad, also eine Hitze, etwa viermal so groß wie die der Sonnenoberfläche. Die Moleküle der Luft im Blitzkanal sind jetzt die positiven Ionen, nämlich zweifach ionisierter Stickstoff, auch Sauerstoff ist ionisiert, und leuchtende Wasserstoffionen treten auf. Stickoxyd wird im Feld um den Blitzkanal ebenso wie Ozon gebildet. Der eigentliche Blitzkanal hat nur einen Durchmesser von 2 bis 4 Zentimeter oder weniger. Die aufzubauenden elektrischen Röhren oder Kanalstücke können ganz selten auch einmal recht weit in Längsrichtung auseinanderliegen, so daß kein zusammenhängender Linienblitz zustande kommt; eine solche zerrissene Blitzbahn nennt man eine Perlschnurbahn.

Manchmal wird eine andere Blitzbahn auch von einer zweiten gekreuzt. An der Kreuzstelle treffen dann zwei magnetische Ringe im rechten Winkel aufeinander und halten für einige Zeit die elektrischen Teilchen im Magnetfeld fest. Eine solche Bedingung oder eine ähnliche Mitwirkung eines induzierenden Magnetfeldes wird beim Auftreten von Kugelblitzen angenommen. Ob allerdings die Erscheinungen, die den Namen Kugelblitz tragen, wirklich alle gleichartige elektrodynamische Vorgänge darstellen, muß noch dahingestellt bleiben. Denn diese Naturerscheinung entzieht sich allein schon durch ihre Seltenheit physikalisch messender Analyse. Kein Physiker hat gezielt seine Untersuchungsgeräte dort aufgebaut, wo ein Kugelblitz einmal auftritt, obwohl, insbesondere in Rußland, Versuche angestellt wurden, Kugelblitze künstlich im Laboratorium zu erzeugen und sie gezielt durch den Raum wandern zu lassen. Nach den bisherigen Erfahrungen kann ein Kugelblitz explodieren oder implodieren (nach innen zusammensacken). Er verhält sich wie ein hochgeladener Kondensator. Wird er durch leitende Verbindung zur Erde entladen, bevor er zu heiß wird, dann implodiert er mit zischendem Geräusch, wird er aber nicht entladen, so erhitzt er sich weiter, bis er als heißer Gasballon laut knallend explodiert.

Kehren wir aber zu unserem Normalblitz zurück, zur Bahn des

Linienblitzes. Die Blitzbahn leuchtet auf. Wie kommt es dazu? Ich habe bereits angedeutet, daß die Elektronen, die negativen E-Träger (negative Ionen), eine bestimmte Geschwindigkeit brauchen, um auf ihrem Weg durch die Atmosphäre gleichzeitig eine Anregung der atmosphärischen Partikel herbeizuführen, die sie anstoßen. Wenn der eigentliche Hauptschlag kommt, ist die Geschwindigkeit der Elektronen, wie gesagt, etwa 1/3 Lichtgeschwindigkeit. Bei dieser Geschwindigkeit bringen sie die angestoßenen atmosphärischen Gase zum Leuchten. Ein solches Leuchten zeigt auch eine nicht mehr ganz intakte Leuchstoffröhre mit nur impulsartigen Lichtstößen. Jeder Stromstoß, der als Elektronenschwarm durch sie hindurchläuft, regt das in der Röhre vorhandene Gas (Neon) an, und dieses Gas regt wieder einen Leuchstoff an, der als Film im Innern der Glasröhre angebracht ist. Ähnlich, nur mit höherer Anregung, kommt auch das Leuchten des Blitzkanals zustande.

Der Blitz entwickelt beim Hauptschlag eine recht hohe Menge von Energie, etwa 250 Kilowattstunden. Das entspricht der Energie, die man verbraucht hat, wenn man eine 100-Watt-Lampe über 100 Tage ununterbrochen hat brennen lassen. Nur daß diese Energie beim Blitz in der ganz kurzen Zeit von wenigen Zehntelsekunden verbraucht wird. Deshalb ist die Leistung des Blitzes sehr hoch: Sie liegt etwa in der Größenordnung von 3–4 Milliarden Kilowatt. Die Stromstärke beträgt (nach amerikanischer Untersuchung) etwa 50 000 Ampere.

Es wurde schon gesagt, daß die Temperatur im Blitzkanal auf 24 000 Grad ansteigen kann. Hiervon hängen Druckwirkung und Donnererscheinung im Blitz ab. Der Luftdruck in dem nur 4 Zentimeter breiten Kanal kann bei solcher Hitze örtlich und sehr kurzzeitig auf 20 Atmosphären steigen. Zeitdauer für ein 10 Meter langes Blitzstück 1/50 000 000 Sekunde.

Die Schäden, die ein Blitz verursachen kann, wollen wir in fünf Arten einteilen.

Die erste, unmittelbarste Wirkung, die auftritt, ist die elektrische, die zweite ist eine chemische Wirkung, eine dritte kann man als thermische (als Wärmewirkung) ansehen, eine vierte als mechanische und eine fünfte als magnetische. Die elektrische Wirkung des Blitzes begründet sich aus der großen Leistung über allerdings kurze Zeit. Auch wenn der Blitz nicht unmittelbar eines unserer üblichen elektrischen Systeme im täglichen Haushalt trifft (die Radio- oder Fernsehanlage z. B.), so kann er doch in der Nähe des Einschlags Schaden durch induktive Wirkung anrichten. Deswegen sollten wir unsere Geräte tunlichst ausgeschaltet haben, denn eine Antenne auf einem Dach nimmt eine Menge Energie des elektromagnetischen Feldes auf,

Bild 47: Faradayscher Käfig im Deutschen Museum in München; bei der Demonstration wird ein künstlicher Blitz mit einer Spannung von 300 000 Volt um den Käfig herumgeführt

das den elektrischen Schlag begleitet. Wenn der Blitz in unser Stromnetz einschlägt, fallen die Sicherungen heraus, die dafür sorgen, daß das Netz nicht überbelastet wird.

Die chemische Natur des Blitzes wird am deutlichsten, wenn Pflanzen, Tiere oder Menschen getroffen werden. Dann wird nämlich die Gewebsflüssigkeit chemisch zersetzt, z. B. die Nerven- und Blutsubstanz. Um eine chemische Wirkung würde es sich auch handeln, wenn die Feststellung des Landmanns stimmt, daß Blitze den Acker befruchten. In der Tat, die Ionisation der Luft im Blitzkanal bewirkt mittelbar und unmittelbar, daß das Gemisch Stickstoff und Sauerstoff, das sich normalerweise in der Luft findet, zu einer chemischen Verbindung, nämlich Stickoxyd, umgewandelt wird. Dabei bildet sich gleichzeitig auch Ozon. Stickoxyd wird mit dem Niederschlag ausgewaschen und gelangt dadurch in den Erdboden. Stickstoff ist bekanntlich ein notwendiger Bestandteil der Bodendüngung.

Bei der thermischen Wirkung, ähnlich wie bei der chemischen, kann sich der getroffene Körper auch strukturell verändern. Wenn der Blitz in Sand einschlägt, dann formt er bei immerhin 20 000 Grad Kanaltemperatur eine Blitzröhre, einen Fulgurit (versintertes Quarz). Er hat durch die Erhitzung den Quarzsand verflüssigt. Verbrennungen durch Blitze an organischen Stoffen sind am bekanntesten an Bäumen, strohgedeckten Häusern u. ä.

Die mechanische Wirkung eines Blitzes besteht darin, daß er gleichzeitig mit der Beförderung kleiner elektrischer Teilchen Masse befördert. Die Ionen entwickeln im Blitzkanal eine übergroße Hitze. Dadurch entsteht in dem recht schmalen Kanal ein sehr hoher Druck, 20- bis 50facher Atmosphärendruck. In der Umgebung, schon in etwa einem halben Meter Abstand, fällt dieser Druck sehr stark ab, hat aber immer noch die Größe von zweifachem Atmosphärendruck. Man kann sich vorstellen, daß solche mechanische Druckwellen bei ihrer Ausbreitung mit Schallgeschwindigkeit eine entsprechende mechanische Zerstörung an getroffenen Gegenständen anrichten können, seien es Bäume oder Steinwände, in die große Löcher gerissen werden, zumal wenn in feuchten Wänden durch die Hitze des Blitzschlags spontan Wasserdampf entwickelt wird.

Weniger analysiert ist die magnetische Wirkung des Blitzes. Auf metallische Gegenstände, die von einem Blitz quer zu ihrer größeren Ausdehnung getroffen werden, wird eine Art Magnetschock ausgeübt in der Art, als ob mit einem Hammer draufgeschlagen worden wäre. Nur daß der Hammerschlag gewissermaßen negativ war, indem die magnetische Kraft die äußeren Ränder nach oben verbogen hat. Der «Schock» wird durch das erwähnte röhren- oder ringförmige Magnetfeld um den Blitzkanal herum ausgelöst. Derartige Schäden sind an Flugzeugen festgestellt worden. Kleinere, leicht bewegliche Metallgegenstände können auch kurz vor dem Einschlag durch die Magnetwirkung nach oben springen und dabei erheblich versetzt werden. Ein loser, 5 Pfund schwerer Metallkasten wurde in einem Fall vom Blitz etwa 10 Meter nach der Seite geschleudert.

Wie schützen wir uns vor einem Blitz? Wann sind wir gefährdet? Natürlich sind wir ebenso wie einzelne Bäume in einer kahlen Landschaft gefährdet, wenn wir uns aufrecht in einer kahlen Landschaft befinden. Genauso gefährdet sind wir, wenn wir uns bei Gewitter in der Nähe elektrisch leitender Drähte oder Masten aufhalten oder uns unter einzelne Baumgruppen stellen, oder auch nur in deren Nähe, wo der elektrische Fluß des Blitzeinschlags auf uns überspringen oder vom Baum an der Erdoberfläche zu uns entlanglaufen und über die Schrittspannung von Fuß zu Fuß durch uns hindurchlaufen kann.

Wenn wir dagegen im Auto sitzen oder in der Eisenbahn, dann sind wir vor Blitzschäden sicher. Auto und Eisenbahnwagen sind große metallene Hohlkörper (sogenannte *Faradaysche Käfige*), die praktisch die Elektrizität auf ihrer Oberfläche leiten (Bild 47). Der Ladungsfluß kommt nicht ins Innere des Hohlkörpers hinein. Auch die Anlage eines Systems von Blitzableitern über einem Haus schützt dieses nach Art eines Faradayschen Käfigs.

Zum Schluß noch der Donner. Er ist durch die Druckwelle im Blitzkanal verursacht. Die Druckwelle pflanzt sich mit Schallgeschwindigkeit aus dem Blitzkanal fort. Da der Blitz nicht nur einen Kanal, sondern eine Reihe von Kanälen aufbaut, wird ein Donnerrollen erzeugt, weil der Schall von unterschiedlich entfernten Schallquellen an unser Ohr gelangt, von möglichen Echos wie Berge oder Wolken einmal abgesehen. Vergleichsweise ist der Donner, den ein Überschallflugzeug erzeugt, ähnlich, jedoch fehlt ihm das rollende Abklingen. Beim Überschallflug hört man nur den doppelten Schlag von Bug- und Heckwelle.

Wetterfronten

In den geographischen Breiten, in denen wir leben, ziehen viele Male Tiefdruckgebiete über unseren Lebensraum hinweg. Die Tiefdruckgebiete sind häufig mit Schlechtwetter verbunden. Diese machen sich für den Beobachter in der freien Natur an den nacheinander auftretenden Wolkenformen bemerkbar. Es beginnt mit einer hohen Bewölkung. Diese kündigt sich oft schon als bandenartige Bewölkung mit Ausfaserungen darin an. Es sind Banden von Eiswolken, die hin und wieder zum Horizont wie zu einem Pol zusammenlaufen und deshalb auch *Polarbanden* genannt werden (Bild 48).

Mit der Zeit verdichten sich die Eiswolken zu einer zwar sehr dünnen, transparenten, aber doch geschlossenen Wolkendecke mit Schichtbewölkung, durch die immer noch Sonne oder Mond durchscheinen. Das ergibt den optischen Effekt eines Rings um Sonne oder Mond. Die Meteorologen nennen diesen Ring einen *Halo* (Bild 49). Wenn aber die Wolke aus der Eisphase in die Wasserphase übergeht, hat sie sich so verdichtet, daß der Ring verschwindet und statt dessen

Bild 48: Polarbanden einer Cirrusbewölkung, vom Flugzeug aus aufgenommen

Bild 49: Ein Halo ist ein Ring von 22 (seltener 46) Grad Winkelöffnung um Sonne oder Mond, hervorgerufen durch einen gleichmäßig dünnen Eiswolkenschleier (Cirrostratus)

Bild 50: Ein Hof um die Sonne; eine Altostratusbank verschleiert, solang sie durchscheinend ist, die Sonnenscheibe wie hinter Milchglas

eine milchglasartige Aufhellung bei Sonne oder Mond erscheint. Allein diese Aufhellung wird in der Fachsprache *Hof* genannt. Die nächsten Phasen der Verdichtung von Schichtwolken sehen von unten, zumal wenn sie den ganzen Himmel bedecken, struktur- und trostlos aus. Aber vom Flugzeug aus fotografiert, ergibt sich das folgende Wolkenbild (Bild 51): In mehreren Etagen, zum Teil ausgeschichtet, zum Teil mit Quellungen an der Obergrenze durchsetzt, oft aber mit sehr einförmiger Obergrenze, hängen riesige Wolkenfelder über der Landschaft. Landregen fällt nach unten heraus.

Wie kommt dieser Wetterablauf zustande, der so systematisch immer mit hoher Bewölkung beginnt und mit dicker Schlechtwetterbewölkung endet, aus der meistens Niederschläge fallen? Die Meteorologen sprechen bei der Verschlechterung des Wetters in dieser Art von einer Wetterfront, von der auch in den Wetterberichten die Rede ist, verbunden mit dem Herannahen von Tiefdruckgebieten. Wetterfront muß ja wohl heißen, daß gegensätzliche Luftkörper aufeinanderstoßen. Im allgemeinen liegt der Gegensatz im Temperaturunterschied, Kalt gegen Warm. Dabei ist kalte Luft schwerer als warme, für beide gleichen Rauminhalt vorausgesetzt. Wenn zwei unterschiedlich temperierte Luftmassen nebeneinanderstehen, dann dauert dieser Zustand nicht lange an. Die kalte Luft sinkt nach unten, die warme schiebt sich über die kalte, bis sich am Ende eine waagerechte Grenzfläche zwischen Kalt und Warm herausgebildet hat.

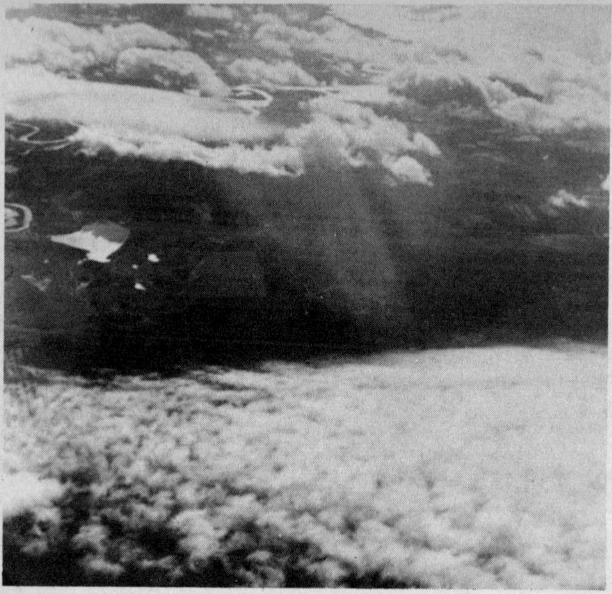

Bild 51: Flache Wolkenbänke, meist Schicht- oder Haufenschichtwolken in mehreren übereinanderliegenden Etagen, gesehen aus 10 000 Meter Höhe

In Bild 52 steht ein Kreuz, mit S bezeichnet, für den gemeinsamen Schwerpunkt des «Zweikammersystems» Kalt und Warm. Schwerpunkt sagen wir deswegen, weil die Schwerkraft der Erde an diesem Punkt angreift, wenn sie versucht, aus dem Nebeneinander von Kalt und Warm ein Übereinander durch Herunterziehen des Schwerpunkts herzustellen. Die Schwerkraft greift also am markierten Kreuz an und zieht während der Umschichtung der beiden unterschiedlich temperierten und damit unterschiedlich dichten Massen den Schwerpunkt nach unten. Die Überlagerung würde man physikalisch als *stabile Schichtung* zwischen Kalt und Warm ansehen, die Ausgangslage dagegen (das Nebeneinander) als *labile Schichtung*. Die labilere Schichtung kann sich frei, d. h. ohne Trennwand, nicht lange halten; sie geht in die stabile Schichtung über.

Auch in der freien Natur ist bei der Aktivierung von Wetterfronten der Endzustand, daß Kalt unter Warm geschoben wird. Es ist zu einem guten Teil auch die «Aufgabe» unserer Tiefdruckgebiete, dieses Ziel zu erreichen. In der Natur geht es allerdings nicht so unmittelbar vor sich wie in unserem theoretischen Modell. Mindestens überlagert dieses System zusätzlich ein Wind. Das bedeutet gleichzeitige seitliche Versetzung.

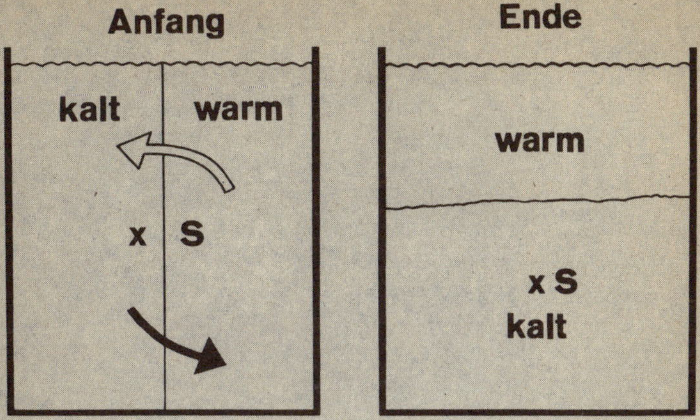

Bild 52: Austausch von Kalt- und Warmluft vom labilen statischen Gleichgewicht (links) mit höherem gemeinsamen Schwerpunkt zum stabilen statischen Gleichgewicht (rechts) mit niedrigerem Schwerpunkt

Bild 53: Entstehung einer Warmfront durch Überlagerung

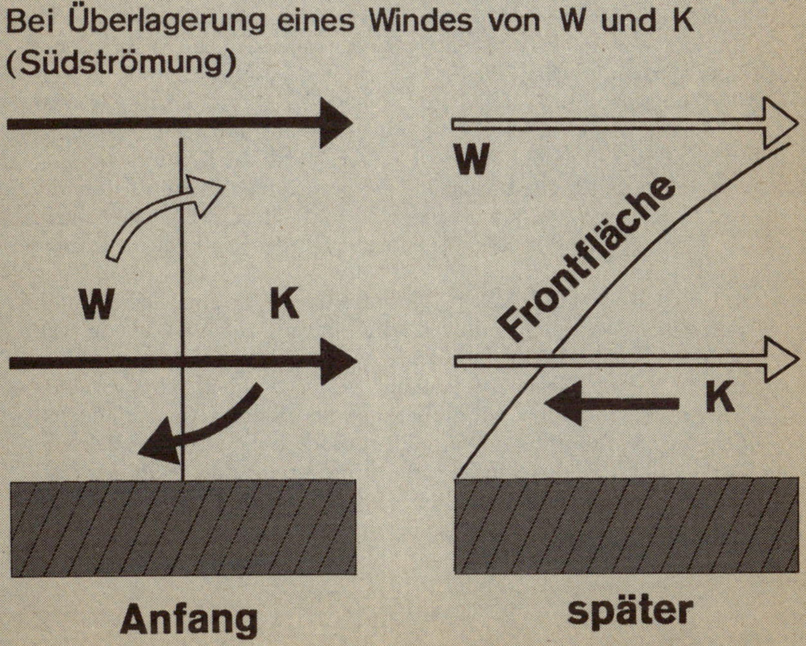

Bild 54: Tiefe Schichtwolken entstehen gern bei länger anhaltendem Niederschlag; sie sind besser von oben zu erkennen

Im Bild 53 soll dies mit einer überlagernden Südströmung erklärt werden. Im Süden wäre Warmluft, im Norden Kaltluft, dazwischen eine senkrechte Front. Aber überlagernd wirkt eine Südströmung, die dieses Zweikammersystem nach Norden weiterschiebt. Während des Transports nordwärts aber strömt unten die Kaltluft in den Warmluftraum. Oben rückt die Warmluft über den Kaltluftkörper. Es wird daher die ursprüngliche Süd-Nord-Bewegung durch die Warmluftbewegung in der Höhe unterstützt, aber durch die Kaltluftbewegung am Boden gehemmt. Das heißt, die Bewegung der Frontfläche, die ursprünglich senkrecht zwischen Kalt und Warm stand, wird durch die überlagernde Windkomponente so verändert, daß sie eine schräge Lage bekommt.

Unten bewegt sich unsere Warmfront, wie sie nun heißen muß, langsamer nordwärts und oben schneller, mit der Auswirkung, daß für eine längere Zeit die Frontfläche in schräger Lage bleibt, und zwar längere Zeit deswegen, weil immer wieder Warmluft von der einen Seite nachbrandet und ein großer Stau von Kaltluft auf der anderen Seite den Vormarsch der Warmluft zurückhält. So wirkt der Kaltluftkörper gleichsam wie ein Kaltluftgebirge, an dem die Warmluft luvwärts erzwungen hinaufgeschoben wird (Bild 38). Das haben wir bei der Folge «Auf- und Abwinde» bereits kennengelernt.

Die zugehörigen Wolken würden in der Reihenfolge, in der wir sie auf uns zukommen sähen, mit Eiswolken beginnen (Bild 39). Das wäre eine hohe *Cirrus*bewölkung, meist oberhalb 6000 Meter, deren oberer Teil gewöhnlich ausgefranst ist. Die zweite Bewölkung wäre die mittelhohe Bewölkung, auch *Alto*bewölkung genannt. Wenn sie, wie im Fall der Warmfront, mit Schichtform verbunden ist, heißt sie *Altostratus,* also mittelhohe Schichtbewölkung, meist zwischen 2500 und 6000 Meter auftretend. Kommt aus dieser mittelhohen Bewölkung, deren Elemente meist kleine Wasser- und Eispartikel sind, Niederschlag heraus, dann geht unser Altostratus in den *Nimbostratus* über, d. h. in eine Bewölkung, aus der Niederschlag fällt. Wenn der Regen nach unten durchgesackt ist und den unteren Luftraum genügend befeuchtet hat, bildet sich auch im unteren Luftraum Bewölkung. Das wäre dann *Stratus*bewölkung (Bild 54). An einer Warmfront sind nämlich vorzugsweise alle Wolkenformen (fachlich gesprochen) Stratuswolken.

Was in den Bildern 53, 38 und 39 als Aufriß in Seitenansicht gezeigt wurde, stellt eine Wetterkarte normalerweise im Grundriß dar (Bild 4). Ein ziehendes Tief schiebt mehrere Frontflächen vor sich her. Die erste Front ist in der Wetterkarte als Warmfront markiert. Ihr folgt mindestens *eine* Kaltfront. Die Warmluft nämlich, die an

Bild 55: Warmsektor im Seitenschnitt (Aufriß) zwischen zwei Kaltluftbergen. Die Warmfront liegt an der rechten Begrenzungslinie; sie wandert oben schneller als unten. Die Kaltfront liegt an der linken Begrenzungslinie; sie wandert oben langsamer als unten

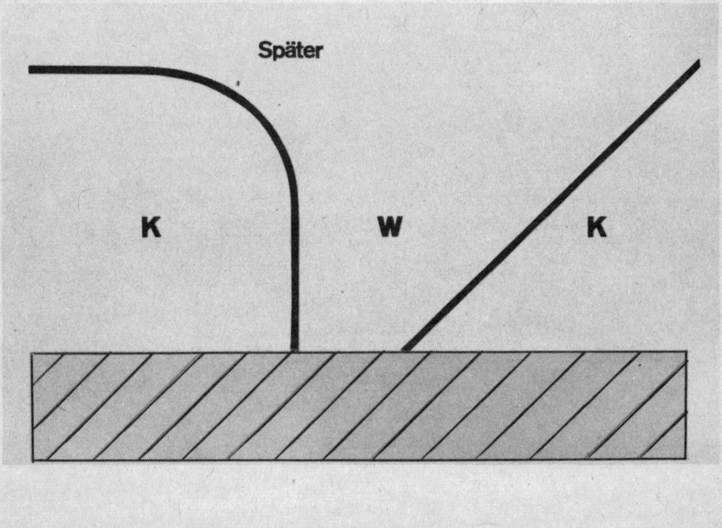

der Warmfrontfläche beteiligt ist, hat nur begrenzten Nachschub. Dieser wird durch einen relativ schmalen Ausschnitt auf der Südseite des Tiefs dargestellt, der wie ein schmaler Sektor in den ganzen Tiefdruckwirbel eingeschlossen ist. Er wird also nach der rückwärtigen, d. h. hier westlichen Seite abermals durch eine Begrenzungsfläche von Warm nach Kalt, das ist nach dem Westen hin, abgeschlossen.

Bild 55 zeigt daher einen vollständigen Seitenriß methodisch vereinfacht: kalt — warm — kalt. Wenn die überlagernde Strömung dieses Tief mitschleppt, hier im Beispiel von links nach rechts gerichtet, so würde für einen Beobachter, über den das System hinwegwandert, zuerst die Front Warm gegen Kalt, die Warmfront, in Erscheinung treten. Hierbei gleitet also Warmluft aktiv an Kaltluft auf.

Welches Wetter gestaltet aber die folgende Kaltfrontfläche? Sehen

Bild 56: Wolkenwand bei Annäherung einer Kaltfront; die Wand besteht aus Quellwolken

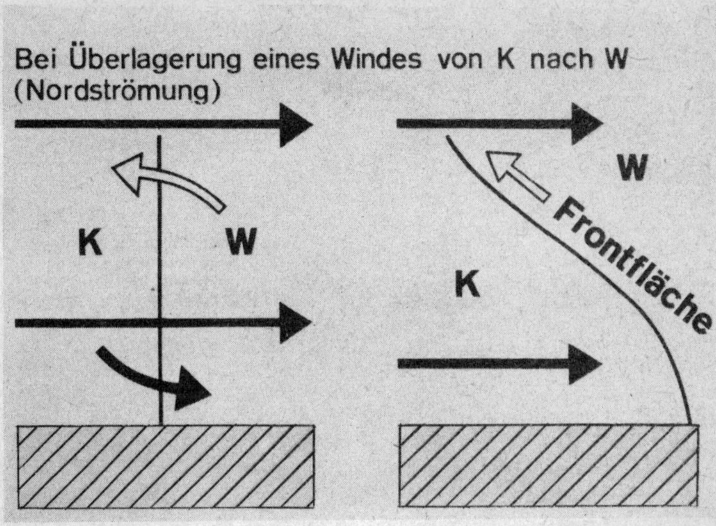

Bild 57: Entstehung einer Kaltfront durch Überlagerung

wir uns nach dem gleichen Schema wie vorhin zuerst das äußere Wolkenbild an einer solchen Kaltfront an. Schon die Wolkenform ist hier von der Warmfront verschieden. Wir sehen eine quellige, mächtig aufgetürmte Haufenbewölkung. Die Front kommt tatsächlich als hoch aufragende geschlossene Wand heran (Bild 56). Die einzelnen Quelltürme zeigen in der Höhe den Cirrus-Schirm, eine pilzförmige Ausbreitung. Das ist der obere Eiswolkenschirm einer hoch aufschießenden Quellwolke (Bild 33). Dieser erreicht also, weil die Wolke hier in Eis übergeht, Temperaturen von —40 Grad. Der Wolkenschirm sieht aus wie der Kegelteil eines Ambosses.

Was geht nun an der Kaltfront und in der nachfolgenden Kaltluft vor? Auch hier haben wir anfangs die steile Grenzfläche, Kalt neben Warm (Bild 57). Auch hier gibt es einen überlagernden Wind. Dieses Mal ist es die Nordströmung als überlagernde Windrichtung, um zu kennzeichnen, daß natürlich, wenn Kaltluft aktiv südwärts vorstößt, eine nördliche Komponente des Windes vorgegeben sein muß, die diese Kaltluftmassen aus ihrem Ursprungsgebiet heranbringt. Wenn nun der Nordwind eine Versetzung der kalten Luft in Richtung auf warme Luft bewirkt, dann wird kalte Luft von sich aus das Bestreben haben, sich unter die warme zu schieben. Dieses Mal unterstützt die

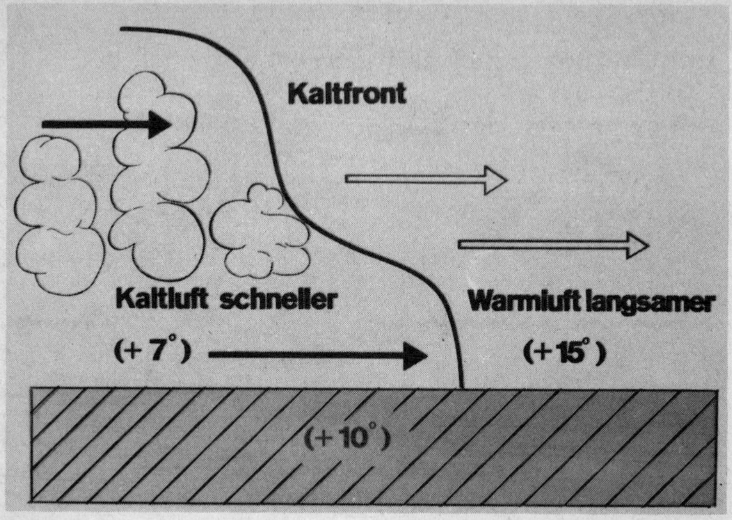

Bild 58: Wanderung einer Kaltfront

Kaltluftbewegung am Boden die allgemeine Nordströmung, d. h., wir erhalten eine erhöhte Geschwindigkeit der Frontfläche unten. In der Höhe läuft die Warmluftbewegung der allgemeinen Strömungsversetzung entgegen und bremst diese daher ab. Durch die Überlagerung an der Kaltfrontfläche kommt eine Frontflächenneigung heraus, bei der unsere Frontfläche unten schneller und oben langsamer wandert. Das Wolkenbild als Cumulusbewölkung, wie Quellwolken in der Fachsprache genannt werden, gibt einen Hinweis auf die Auf- und Abwindvorgänge im Bereich der nachdrängenden Kaltluft. In der Folge «Auf- und Abwinde» waren diese Wolkenformen kennzeichnend für thermische Hebung zum Unterschied von der erzwungenen Hebung an der Warmfront. Die Hauptquellbewölkung liegt im Kaltluftkörper selbst, also hinter der Kaltfront.

An den in Bild 58 angeschriebenen Temperaturwerten soll die Bedeutung der thermischen Hebung erläutert werden. In der Warmluft voraus beispielsweise möge die Temperatur 15 Grad gewesen sein, der Erdboden hätte immer 10 Grad gehabt. Aber in der nachfolgenden Kaltluft fällt im Übergang aus Warm zu Kalt die Temperatur ab, und zwar um so viel, daß die Temperatur der Kaltluft jetzt niedriger ist als der 10 Grad warme Erdboden. Damit ist der Erdboden wegen seiner größeren Wärme imstande, unseren Kaltluftraum von unten her anzuheizen. Es bildet sich somit an der Unterseite der

Kaltluft ein Warmluftfilm, der durch thermischen Auftrieb senkrecht nach oben schießt.

Was ist die Folge der verschiedenartigen Marschgeschwindigkeit der beiden Fronten? Die Warmfrontfläche, schräg liegend in dem Sinne, daß die Warmluft oben schneller strömt und unten langsamer, hat bei ihrer Fortbewegung die Neigung, nach vorn weiterzukippen. Die Kaltfrontfläche dagegen läuft unten schneller und oben langsamer. Also würde sie die Tendenz haben, nach hinten zu kippen. Sie bleibt aber im ganzen durch die thermische Umlagerung senkrechter in ihrer Stellung als die Warmfrontfläche.

Das Ergebnis ist: Die Kaltfront wandert unten soviel schneller als die Warmfront, daß diese schließlich von der Kaltfront eingeholt werden muß. Der untere Teil der Frontfläche ist aber gerade der Teil, den wir in unseren Bodenwetterkarten, die für Normalnull, also Meeresspiegelhöhe, Gültigkeit haben, als Spurlinie dieser Fläche, Front genannt, erkennen.

Das Resultat muß ja nun sein, daß die Warmluft zwischen den beiden sich nähernden Fronten immer mehr von unten her und aus dem Kern des Tiefs abgeschnürt wird. So wird in einer späteren Entwicklungsphase der Fronten die Situation so aussehen, wie Bild 59 zeigt. Schließlich liegt unten gar keine Warmluft mehr, sondern die beiden benachbarten Kaltluftgebiete, die vorher durch den Warmluftkörper auseinandergehalten waren, stoßen direkt aneinander. Wenn die nachfolgende Kaltluft, wie es im Sommer der Fall ist, kälter ist als die vorangegangene (kontinentale Kaltluft ist auch als Kaltluft im Sommer immer noch wärmer als maritime Luft), dann schiebt sie sich unter die vorangegangene und rollt bei der Bewegung der beiden Fronten die vordere Warmfront von unten her auf. Im Winter aber verläuft die Abschnürung umgekehrt. Dann ist die kontinentale Landluft kälter als die nachfolgende maritime Kaltluft. Dann schiebt sich die maritime Kaltluft erzwungenermaßen bei der Abschnürung auf die vorangegangene kalte Kontinentalluft auf. Abschnürung wird in der Meteorologensprache *Okklusion* genannt.

Ringsherum um das Tief ist unten also überall Kaltluft. Die beiden Gegensätze unterschiedlicher Kaltluft haben sich in den meisten, nicht immer in allen Fällen verwaschen. In Bild 60 nähern wir uns dem Endziel, daß Warm über Kalt liegt. Es war ja der Sinn dieses Ablaufs, von einem anfangs statisch labilen in einen schließlich statisch stabilen Zustand überzugehen.

Hierzu wollen wir uns auch noch die Symbole, die in normalen Wetterkarten für solche Wetterfronten verwendet werden, ansehen (Bild 61). Zunächst einmal das Warmfrontsymbol. Eine dick ausgezogene Linie, an der Buckel sitzen. Die Buckel weisen immer in die

Richtung, in die die Front sich bewegt. Das wäre hier Ostnordost, wenn wir die Skizze in das Bild 4 einordnen wollen. Die Kaltfront, die hinter der Warmfront des Tiefdruckgebietes, getrennt durch den Warmsektor, herkommt, hat an der dicken Linie als charakterisierende Markierung dornenartige Dreiecksformen. Die Symbole weisen auch hier in die Richtung, in die die Kaltfront sich verlagert.

Zuletzt die Symbole, die einer Okklusion zugeordnet sind: Die Okklusion ist am wirksamsten in der Höhe und zeigt keine bemerkenswerte Spurlinie an der Bodenwetterkarte. Dementsprechend markieren meist unausgefüllte Symbole den Okklusionslinienzug (siehe in Bild 4 nordöstlich des Tiefdruckkerns). Das Warmfrontsymbol ist unmittelbar neben dem Kaltfrontsymbol angeordnet; praktisch heißt dies, daß in der Okklusion beide Frontarten, Kalt- und Warmfront, zusammenkommen.

Wie diese Frontsymbole in der Wetterkarte verwendet werden, wollen wir uns auf unserer Musterwetterkarte ansehen (Bild 4): Das Tiefdruckgebiet nordwestlich der Britischen Inseln hat seine Warmfront, die hier als geschlossene Frontlinie markiert ist. Nach der Buckelanordnung muß die Warmfront in Richtung Ostnordost laufen. Die Kaltfront, die hinterherzieht, marschiert gemäß ihrer Symbolanordnung weiter nach Osten. Die Kaltfront ist schneller als die

Bild 59: Beginnende Okklusion des Warmsektors; noch sind Kaltluft links und Kaltluft rechts darunter je nach Jahreszeit besonders temperiert

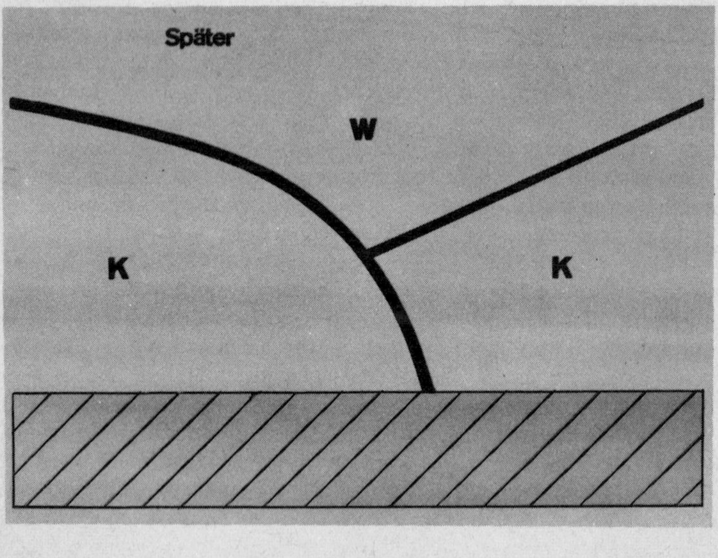

Warmfront. Damit wird der Warmsektor zwischen den Fronten abgeschnürt. Die Okklusion beginnt bereits im Kern des Tiefdruckgebiets. Auch hier sind die Okklusionssymbole offengelassen; das Okklusionssymbol sehen wir als Mischmerkmal von Kalt- und Warmfront. Wenn die Okklusionslinie in der Karte weiter in den Tiefdruckkern hinein fortgesetzt worden wäre, so müßte sie in etwa eine Spiralbahn zum Zentrum hin beschreiben. Diese Spiralbahn entspräche einer verwaschenen Okklusion, die aber wieder ausgeprägter wird, je weiter wir nach außen an den Warmsektor gelangen, der in unserem Kartenbeispiel noch sehr breit ist. Zu einem noch späteren Zeitpunkt, als dieses Tief hier vorgegeben ist, würde der ganze Warmsektor eingeschnürt werden, *okkludiert* sein.

Eine solche Okklusionsentwicklung mit kleiner werdendem Warmsektor ist gleichzeitig ein Maß für die Lebensentwicklung eines Tiefs. Dieses Modell wird auch in der Natur eingehalten. Die Wettersatelliten geben uns täglich Aufschluß über das Wolkenfeld, das sich um Tiefdruckwirbel herum entwickelt. In Bild 3 ist der Tiefdruckkern mit dem spiraligen Aufrollen des inneren Okklusionsendes nördlich der Azoren gut zu sehen. Nach der Südseite hin, außerhalb des Tiefdruckkerns, wird die einbrechende Kaltluft an der fleckigen Struktur der Quellwolkenfelder erkennbar. An der Ostflanke des Tiefdruck-

Bild 60: Der Warmsektor ist von unten her durch Kaltluft abgeschnürt (okkludiert)

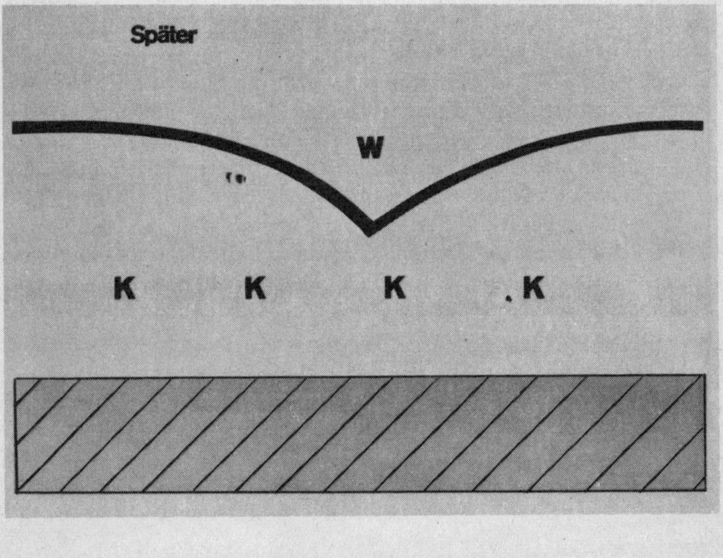

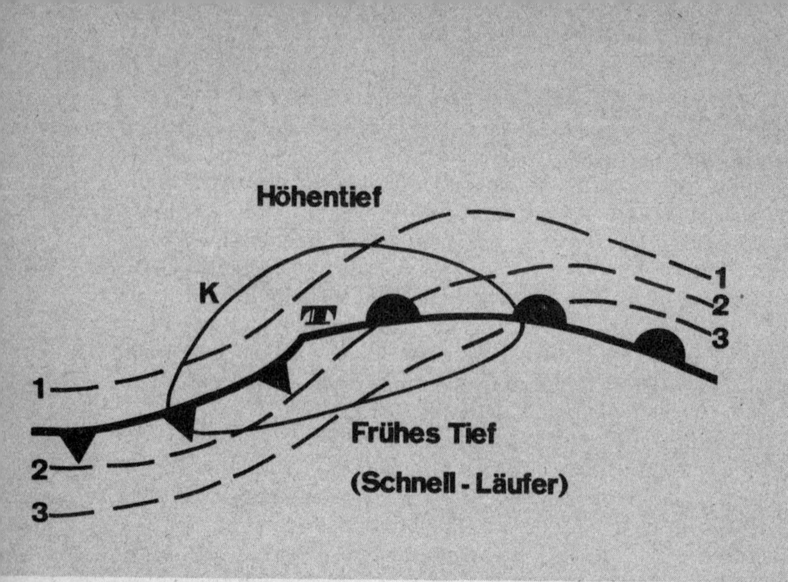

Bild 61: Junges Tief; das Temperaturfeld liegt noch unsymmetrisch zum Tiefdruckkern (vgl. Bild 17)

wirbels liegen die Hauptfronten: die Kaltfront in der Gegend, wo die milchigen Wolkenformen in die fleckigen Formen übergehen, und die Warmfront innerhalb des milchigen Feldes.

Beachten wir noch den offenen Warmsektor, meist auf der Südseite unserer Tiefs, eingeschlossen zwischen Warm- und Kaltfront, der für den Lebensablauf eines Tiefdruckgebiets eine besondere Rolle spielt und in einer späteren Entwicklung durch die Okklusion ganz vom Boden abgehoben wird. Er ist bei jungen Tiefdruckgebieten weit gedehnt, und damit erscheint er als geschwungene Welle der zugehörigen Wetterfronten gleichsam wie eine flache Welle oder Dünung über einer Wasseroberfläche. Auch weiterhin verhält sich der Warmsektor mit seinen ihn begrenzenden Fronten wie eine Welle, die steiler und steiler ansteigt. Sie geht von einer flachen Wellenform in eine Brandungsform, eine steile Welle über. Der Okklusionsvorgang stellt dann das Überkämmen dieser Welle dar. Damit hat auch das Tief seinen Lebenshöhepunkt überschritten.

Entsprechend der Breite eines solchen Warmsektors ist ein junges Tiefdruckgebiet übrigens ein schnellwanderndes Tief, das bei Sturmtiefs sogar mit einer Geschwindigkeit von 75 Stundenkilometer dahinzieht. Wenn aber der Okklusionsvorgang abgelaufen ist, dann stoppt das Tiefdruckgebiet seine Fahrt ab und wird langsam oder gar ortsfest. Die Zugbahn als Ganzes hat dann die Form, wie Bild 62 zeigt.

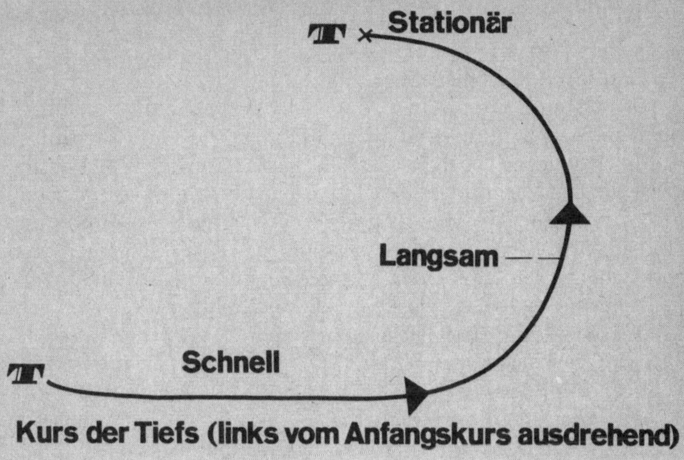

Bild 62: So wandert ein Tief während seiner Lebenszeit; wenn es alt ist, kommt es zum Stillstand

Ergänzen wir nun noch die Vorgänge und Symptome der Wetterfronten mit Bezug auf Wind- und Luftdruckmerkmale: Während sich eine Wetterverschlechterung einleitet, fällt das Barometer an der Beobachtungsstation, auf die ein solches Tiefdruckgebiet zuläuft. Der Luftdruckfall ist zuerst ziemlich langsam. Wir wissen: ein Tiefdruckgebiet kommt heran. Der Wind kommt dabei meist aus südlicher Richtung, wenn nicht sogar aus Südost (Ostflanke des Tiefs). Später fällt aus einförmig grauer Schichtbewölkung Landregen. Der Luftdruck fällt dabei immer noch. Während des Landregens dreht der Wind ganz langsam von der südöstlichen auf südwestliche Richtung. Vielleicht hört nach dem Landregen auch der Barometerfall vorübergehend auf. Die Luft ist nun merklich, meist um einige Celsiusgrade, wärmer geworden. Die Luft ist im allgemeinen feuchtigkeitsreicher und wärmer im warmen Sektor als gegenüber der Nachbarschaft.

Die nachfolgende Kaltfront wird vorher durch einen kräftig einsetzenden Luftdruckfall angekündigt, der stärker ist als beim Durchgang der Warmfront. Der Südwestwind im Warmsektor wird stärker. Wenn die Kaltfront mit dicken Quellwolkentürmen naht, aus denen der Niederschlag in Schauern fällt, vielleicht sogar als Gewitter, dann geht der Wind sprungartig von Süd- auf Nordwest. Er weht in starken Böenstößen, die manchmal Sturmstärke erreichen. Die Temperatur sinkt natürlich auch, meistens sehr schnell. Im Barometerverhalten tritt eine Wende ein. Der eben noch sehr schnell fallende Luftdruck steigt plötzlich an. Der Knick in einer Barogrammkurve wird daher auch als *Frontpassage* bezeichnet.

Der bisher geschilderte Verlauf von Wetterfronten ist typisch für den bei uns herrschenden Normalfall, bei dem die Tiefdruckkerne nördlich von uns vorbeiziehen. Es kann natürlich hier und da Abweichungen von diesem Schema geben, besonders eben, wenn die Tiefdruckkerne uns südlich passieren, was gern im Winter der Fall ist, oder gar von Süden heraufkommen, wie es dann und wann in den Übergangsjahreszeiten, am meisten bei uns in Deutschland aber bei einem nassen Mai vorkommen kann. Tiefdruckgebiete aus dem Süden wandern für einen Meteorologen auf der Zugstraße 5b. Sie haben ihren Warmsektor nicht, wie gewöhnlich, an ihrer Süd-, sondern an ihrer Ostflanke.

Als man die physikalischen Zusammenhänge insbesondere zwischen dem Verhalten der Höhenwinde und den Tiefdruckgebieten der Bodenwetterkarte noch nicht kannte und nur erst auf die Bodenwetterkarte angewiesen war, versuchte man statistisch zu erfassen, über welche «Wildwechsel» die Tiefs wandern. Man nannte diese Wechsel *Zugstraßen* und fand über Nordeuropa vier, die man mit Nummer 1–4 bezeichnete. Eine Straße ins Mittelmeer erhielt die Nummer 5. Im Frühjahr macht aber die Straße 5, wenn die Tiefs über der Adria angekommen sind, gern einen Schlenker nach Norden. So kam man dazu, für solche Fälle die Zugstraße 5 in eine Bahn zum Mittelmeer hin (5a über Frankreich ins Rhonetal und dann in den Golfe du Lion) und eine Zugstraße 5b vom Mittelmeer weg (von der Adria über Dalmatien, Österreich, Tschechoslowakei, Polen bis zur Ostsee) zu unterteilen. Diese letzteren Tiefs, etwas westlich der genannten Bahn, bringen Deutschland im Mai häufig große Regenmengen, besonders im Dreieck Passau–München–Regensburg.

Wind

In der Folge «Wetterkarte» ist bereits angedeutet worden, daß der Wind ein besonders wichtiges Wetterelement ist, weil zwischen Wind und Luftdruckfeld eine sehr enge Beziehung besteht. Wenn man den Wind beobachtet, kann man auf das der Beobachtungsstation benachbarte Luftdruckfeld schließen, eine Methode, die bei den See- und Luftfahrern angewendet wird. Das benachbarte Druckfeld verrät dann auch gleichzeitig die großräumige Verteilung von Gutwetter- und Schlechtwettergebieten.

Wir wollen uns daher jetzt damit befassen, wie ein Wind entsteht und welchen Kräften er ausgesetzt ist. Zuerst wollen wir darüber sprechen, wie das Luftdruckfeld den Wind hervorruft, und dann darüber, wie die tägliche Drehung der Erde die Windrichtung beeinflußt.

Die Luft, die die Erde umgibt, ist beinahe immer in Bewegung. Sie ist unsichtbar. Was wir sehen, ist deshalb nicht die Bewegung der Luft, sondern sind die Gegenstände, die durch die Luft bewegt werden, z. B. Rauch. Um die Luft in Bewegung zu setzen, muß irgendeine unsichtbare Kraft vorhanden sein. Was ist diese unsichtbare Kraft?

Wenn wir am Badestrand unsere Luftmatratze aufblasen, d. h. mit Kraft Luft hineindrücken, und die Öffnung verschließen, haben wir in ihrem Innern einen höheren Luftdruck hergestellt, als draußen herrscht. Wenn wir den Stöpsel herausziehen, strömt die Luft aus der Luftmatratze wieder heraus, sie fließt vom Gebiet höheren Drucks zum Gebiet niedrigeren Drucks.

Der Luftdruck bestimmt demnach die Strömung der Luft. Luftdruck wird mit einem Barometer gemessen. Ein Barometer ist ein sehr empfindliches Gerät zum Messen auch sehr kleiner Luftdruckänderungen. Beim handelsüblichen Trockenbarometer (ohne Quecksilber), Aneroid genannt, gibt ein über einer Luftdruckskala spielender Zeiger die Größe des Luftdrucks an. Ein von Hand einstellbarer Zusatzzeiger gestattet, das Auswandern des Luftdruckzeigers nach einem bestimmten Zeitintervall gegenüber dem von Hand eingestellten früheren Wert abzulesen. Der Luftdruck über Meeresspiegelhöhe ist im Mittel 1013 Millibar.

Millibar, die physikalische Dimension des Luftdrucks, leitet sich aus der physikalischen Definition der Kraft her. Für den Physiker ist eine Einheit der Kraft 1 Dyn. 1 Dyn ist diejenige Kraft, die einer Gramm-Masse innerhalb einer Sekunde die Geschwindigkeit 1 Zentimeter pro Sekunde erteilt, oder anders ausgedrückt: eine Gramm-

Masse auf 1 Zentimeter pro Sekunde im Quadrat beschleunigt. 1 Million solcher Einheitskräfte, ausgeübt auf 1 Quadratzentimeter Fläche, ist eine physikalische Einheit des Drucks, das Bar. Auf 1 Bar gehen 1000 Millibar.

Wegen der speziellen Zusammensetzung der atmosphärischen Luft ergibt sich als mittlerer Luftdruck über dem Meer 1013 Millibar. Jedoch ist die Verteilung der Luftkörper hinsichtlich ihrer Temperatur so verschieden und auch aus anderen dynamischen Ursachen (Windwirbel u. a.) auf der Erde nicht so ausgeglichen. Unentwegt kommen Abweichungen vor. Beispielsweise schafft die unterschiedliche Erwärmung von Land und Meer sommer- und wintertags gegenläufige Luftdruckunterschiede, die einen Land- und Seewind zustande bringen. Dieser pflegt im Rhythmus von Tag und Nacht in seiner Richtung zu kentern.

Bei näherer Betrachtung stellt sich eine solche Zirkulation folgendermaßen dar: Bei Tag wird Land unter dem Einfluß der Sonnenstrahlung schneller warm als Wasser, denn zur gleichen Temperaturerhöhung bedarf eine gleiche Masse Land nur ein Fünftel der Wärmemenge wie Wasser. Damit kühlt sich aber umgekehrt Land bei nächtlicher Ausstrahlung schneller ab als Wasser, und Wasser speichert Wärme länger.

Bild 63: Warme Luft über dem Meer steigt auf, und kalte Luft vom Land folgt nach; die Isobarenlinien zeigen oben, daß hoher Druck über der Warmluft und tiefer Druck über der Kaltluft ist (Luftdruckangaben in Torr)

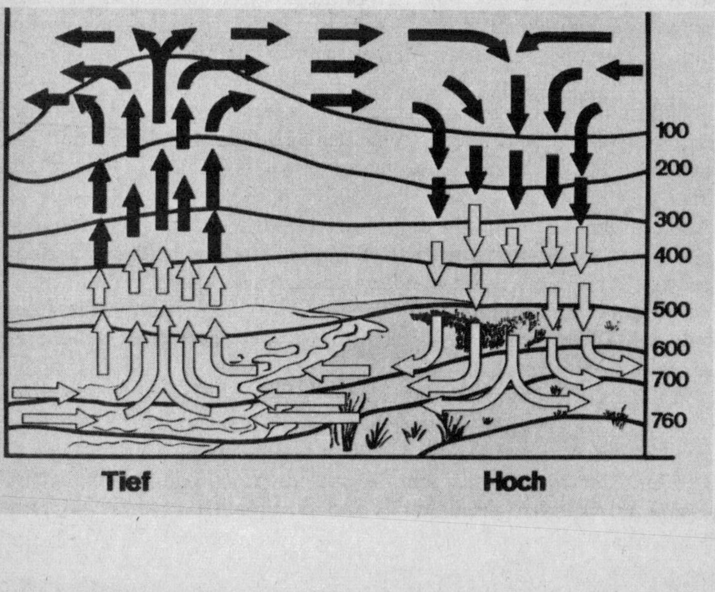

Im jeweils wärmeren Gebiet – bei Tag über Land, bei Nacht über See – steigt die Luft nach oben, so daß die atmosphärische «Luftstange» über dem warmen Gebiet gleichsam länger wird als über dem kalten Gebiet, wie ja auch eine Quecksilbersäule im warmen Thermometer höher steht als im kalten. Für die Atmosphäre bedeutet dieser Befund aber, daß die unterschiedliche Temperatur zwischen Luftsäule über Land und Luftsäule über See in einigen tausend Metern Höhe höheren Luftdruck schafft in der wärmeren, längeren atmosphärischen Säule als in der kürzeren, kälteren. Damit fließt Luft in diesen hohen Höhen vom hohen Luftdruck zum tiefen, d. h. von Warm nach Kalt, wie in unserem Beispiel aus der Luftmatratze nach draußen.

Weil mit dieser einleitenden Luftbewegung der warmen Luftsäule insgesamt Luftmenge entnommen und der kalten Säule zugeführt wurde, ist jetzt der Gesamtdruck der beiden Luftsäulen unten auf Meeresniveau verschieden. Die warme Luftsäule wurde durch die Luftentnahme leichter, die kalte aber durch die Luftzugabe schwerer. Also ergibt sich in Meereshöhe hoher Luftdruck im kalten und niedriger im warmen Gebiet. Abermals setzt sich Luft in Bewegung, wieder von Hoch nach Tief. Da in Meereshöhe die Luftdruckgegensätze, wie beschrieben, gegenläufig zu denen in der Höhe verteilt sind, ist auch die untere Ausgleichsströmung der Luft gegenläufig zur oberen. Das ist die Land-Seewind-Zirkulation, die Bild 63 schematisch veranschaulicht.

Luftdruckunterschiede können sich über sehr viel größere Entfernungen als im engeren Küstenraum zwischen Meer und Land bemerkbar machen. Auf unseren Wetterkarten sind durchweg ausgedehntere Luftdruckunterschiede zu finden. Unser Wetterkartenbeispiel (Bild 4) zeigt ein Hochdruckgebiet über ganz Mitteleuropa. Ein Tiefdruckgebiet liegt weit draußen im Nordwesten zum Atlantik hin. Da liegen mehr als tausend Kilometer zwischen den Kerngebieten von Hoch und Tief.

Wenn der Wind das Bestreben hat, Hoch und Tief auszugleichen, indem er vom Hoch zum Tief hinüberfließt, so muß er diese tausend Kilometer durchlaufen. Bei einer so großen Distanz macht sich aber die Tatsache bemerkbar, daß wir auf einer kugelförmigen Erde leben, die sich um sich selbst dreht. Da sie sich von West nach Ost dreht, zeigt eine Draufsicht auf die Nordhalbkugel ein linksdrehendes (entgegen dem Uhrzeiger sich drehendes) «Karussell». Was wird nun aus Bewegungen, die auf einem solchen Karussell ablaufen?

Sie werden ganz allgemein nach rechts (wenn man in die Richtung der Bewegung blickt) abgelenkt. Ein Gegenstand, der sich von Norden nach Süden bewegt, gerät in Rückstand gegen die im Süden schnellere Drehung der Erde. Ein anderer Gegenstand auf dem Weg von Süden nach Norden eilt der Erddrehung voraus. Auch Bewegungen in Richtung oder Gegenrichtung der Erddrehung werden nach rechts abgelenkt, das eine Mal infolge höherer, das andere Mal infolge geringerer Geschwindigkeit als der Drehgeschwindigkeit der Erde. Solche Bewegungsablenkungen hat zuerst (um 1830) der französische Physiker Coriolis erkannt, weshalb man von *Coriolisbeschleunigung* und *Corioliskraft* spricht, wenn man es mit überlagernden Bewegungen von frei beweglichen Körpern auf einem drehenden Bezugssystem zu tun hat.

Das physikalische Prinzip, das der Corioliskraft ähnlich wie der Zentrifugalkraft zugrunde liegt, ist ein Trägheitsprinzip der Natur. Dieses Trägheitsprinzip sagt in der Mechanik aus, daß drei physikalische Größenarten das Bestreben haben, konstant zu bleiben: unmittelbar die Energie, ein auch für alle anderen Sparten der Physik, nicht nur für die Mechanik geltendes Prinzip, abgeleitet aber ebenso für Impuls und Drehimpuls. Die Konstanz des Drehimpulses hat für die Bewegungen der Planeten schon Kepler formuliert, aber für freie Bewegungen auf der Erdoberfläche formulierte sie Coriolis.

Sie besagt, daß jeder frei bewegliche Körper seinen ihm einmal mitgeteilten Drehimpuls beibehalten möchte, wenn keine weiteren äußeren Kräfte an ihn angreifen. Ein starr bewegliches Karussell, dessen einzelne Massenpunkte nicht frei beweglich sind, hat bei seiner Drehung überall gleiche Winkelgeschwindigkeit, dafür aber verschiedene Drehimpulse: außen in großer Entfernung von der Rotationsachse ein Maximum des Drehimpulses, in Achsennähe ein Minimum des Drehimpulses.

Frei bewegliche Körper auf dem starren Drehsystem, wie Wasser oder Luft auf der Erdoberfläche, behalten bei ihrer Eigenbewegung den Drehimpuls ihrer Eigenbewegung bei. Somit treffen sie unentwegt eine Unterlage mit einem Drehimpuls, der von ihrem eigenen verschieden ist. Daraus ergibt sich die genannte Ablenkungswirkung.

Und jetzt ziehen wir Folgerungen aus der Rechtsablenkung der Luftströmungen auf der Nordhalbkugel durch einen Vergleich mit dem Rechtsverkehr auf unseren Straßen.

Wenn Winde in ein Tiefdruckgebiet einfließen – von allen Seiten, da ja rundherum höherer Luftdruck herrscht –, dann haben wir so etwas wie einen Kreisverkehr, in dem der Kern des Tiefdruckgebiets die Verkehrsinsel darstellt. Um diese fährt alles linksherum. So kreisen auch die Winde im Tiefdruckgebiet linksherum. Aus einem Verkehrskreisel heraus aber biegt man nach rechts ab, und so läuft auch der Wind aus Hochdruckgebieten immer nach rechts heraus (Bild 12).

Auf der Südhalbkugel geht es andersherum, da sich diese ja rechtsherum dreht. Da sorgt die Corioliskraft für eine Ablenkung nach links, und Tiefdruckgebiete werden rechtsherum umfahren und Hochdruckgebiete linksherum.

Wind ist Ausgleich der Luft zwischen Gebieten hohen und Gebieten tiefen Luftdrucks. Er wird dabei abgelenkt. Wie weit wird er nun aus seiner ursprünglichen Bahn herausgezogen? In den Wetterkarten haben wir die Isobaren – Linien, die alle Orte mit gleichem Luftdruck, bezogen auf Meeresniveau, miteinander verbinden. Wir können sagen, daß die Corioliskraft den Wind immer auf den Isobaren hält, und zwar im jeweiligen Umlaufsinn von Tief und Hoch.

Es besteht ein Kräftegleichgewicht, ein Strömungsgleichgewicht, das vom Luftdruckgefälle einerseits und von der ablenkenden Kraft der Erddrehung andererseits bestimmt wird. Der tiefe Druck versucht unseren Wind in sein Inneres zu ziehen, wie die Schwerkraft alles zur Erde herunterzieht. Gleichzeitig zieht ihn die Corioliskraft nach rechts aus seiner ursprünglichen Richtung. Warum aber nur gerade so weit, daß er in Richtung der Isobaren gehalten wird? Die Corioliskraft wird von den Physikern als «Scheinkraft» (d. i. weiter nichts als «trägheitserhaltende Kraft») bezeichnet. Daher kann sie nicht mehr leisten, als der eigentlich Arbeit leistenden Kraft des Druckgefälles oder der Schwerkraft das Gleichgewicht zu halten. Sie ist nämlich von der Windgeschwindigkeit abhängig, diese aber wird vom Luftdruckgefälle bestimmt, wie die Geschwindigkeit eines Flusses von seinem Gefälle bestimmt wird.

Das Luftdruckgefälle zwischen Hoch- und Tiefdruckgebiet ist der atmosphärische Motor, der die Bewegung der Luft zustande bringt und aufrechterhält. Diese Bewegung wird auch zu einem Maß der Ablenkungskraft durch Erdrotation, bis es zwischen beiden Kräften zu einem Gleichgewicht kommt, das den Wind gerade parallel zu den Isobaren hält, also senkrecht (quer) zur Zugkraft des Luftdruckgefälles.

Solche Gleichgewichtssituationen finden wir beispielsweise auch in der Luftfahrt. Auch ein Flugzeug bewegt sich quer zu den Kräften, zwischen denen es sich bei einem horizontalen Flug im Gleichgewicht befindet. In dem Augenblick, wo es vom Boden abgehoben hat, wirken zwei Kräfte auf das Flugzeug ein, die senkrecht zu seiner Bewegungsrichtung wirksam sind. Zum Unterschied vom Wind und seinen Gleichgewichtskräften sind hier die Kräfte nicht in einer horizontalen, sondern vertikalen Ebene zu betrachten. Die Arbeit leistende Kraft am Flugzeug ist die Schwerkraft, das Gewicht des Flugzeugs. In der Luft hält der Vortrieb des Motors die Bewegung aufrecht. Nun haben wir ein Gleichgewicht zwischen dem Auftrieb als einer Scheinkraft, die von der vom Vortrieb erzeugten Geschwindigkeit abhängt, und der Schwerkraft. Auftrieb nach oben, Schwerkraft nach unten, quer zu beiden: Bewegungsrichtung des Flugzeugs.

Wenn wir nun allerdings den bodennahen Wind betrachten, also den Wind, den wir unmittelbar am Erdboden fühlen, dann ist die bisher beschriebene Gleichgewichtsbedingung nicht voll erfüllt. In Wetterkarten weisen die Fähnchen an den Windmasten, die als Symbole für die Windstärke dienen, immer in den tiefen Luftdruck, auf der Nordhalbkugel also nach links, in Windrichtung gesehen. Nun beobachtet man im allgemeinen, daß die Windmasten, die am Symbol die Windrichtung bezeichnen, ein wenig in den tiefen Druck hineingedreht sind und damit nicht streng parallel zu den Isobaren verlaufen. Das bedeutet: Der bodennahe Wind (bis hinauf in eine Höhe von etwa 1000 Meter) wird nicht unerheblich von der Reibung mit dem Erdboden beeinflußt, unterschiedlich wirksam je nach Bodenformen und Bodenbedeckung. Der reibungsbeeinflußte Wind folgt nicht voll der Ablenkung, wie sie durch die Corioliskraft eigentlich sein müßte. Denn, wie gesagt, diese Scheinkraft ist von der Windgeschwindigkeit abhängig. Die Reibung des Windes am Erdboden vernichtet fortwährend einen Teil der Geschwindigkeit, die ursprünglich durch das seitliche Luftdruckgefälle aufgebaut wurde. In Nähe des Erdbodens ist daher durch den Reibungseinfluß die Kraft des seitlichen Luftdruckgefälles ein wenig größer als die ablenkende Kraft der Erdrotation. Der Wind weht nicht parallel zu den Isobaren, sondern je nach Reibungseinfluß 20–40 Winkelgrade einwärts in das zugehörige Tief hinein.

So wird zum Beispiel aus einem Westwind in höheren, von der Reibung unbeeinflußten Schichten in Bodennähe ein schwächerer Südwest- bis Westsüdwestwind. Es gilt hiernach die Regel für die unteren 1000 Meter, daß der Wind mit der Höhe immer mehr rechts dreht, nämlich von einer reibungsbeeinflußten, erdbodennahen Windrichtung auf eine reibungsunbeeinflußte Höhenwindrichtung.

Sturm

Wenn der Wind immer heftiger wird, also eine immer höhere Geschwindigkeit annimmt, nennen wir ihn schließlich Sturm. Als Grenze sieht man eine Geschwindigkeit um 70 Stundenkilometer an. Bei Geschwindigkeiten über 100 Stundenkilometer sprechen wir von einem Orkan.

Wenn die Meteorologen von einer Sturmwarnung sprechen, sprechen sie meistens gleichzeitig von einem Sturmtief. Warum niemals von einem Sturmhoch?

Tiefer Druck ist ein Gebilde, das Luft ansaugt. Luft zieht sich in ein Tiefdruckfeld hinein zusammen. Das Bewegungsfeld verengt sich damit auf ein Tiefdruckfeld zu. Hochdruckgebiete dagegen sind solche Räume, aus denen Luft herausfließt: also erweitern sich die Bewegungsfelder um Hochdruckgebiete herum. Nehmen wir das zunächst einmal als Feststellung und ziehen wir die Folgerungen. Wenn wir Luft von einem Bewegungsfeld mit breiten Querschnitten in ein Bewegungsfeld mit engem Querschnitt versetzen (durch eine enger werdende Röhre treiben) und sie schließlich wieder in ein breites Feld übergehen lassen, wird ein und dieselbe Luftmenge in der gleichen Zeit durch verschiedene Querschnitte getrieben. Die Geschwindigkeit der gleichen Menge Luft muß sich entsprechend den Querschnitten ändern. Dies ist ein Prinzip der Physik, das auch für die Luft unter der Bedingung gilt, daß sie während dieses Vorgangs nicht zusammendrückbar ist. Damit würde die Luft ihre Dichte auf dem Wege durch die verschiedenen Querschnitte nicht erheblich ändern.

Während die Luft sich in den linksdrehenden Wirbel eines Tiefdruckgebiets zusammenzieht, kommt nun auch noch das Trägheitsprinzip zur Anwendung: die Erhaltung des Drehimpulses, von dem schon mehrfach die Rede war. Tiefdruckwirbel folgen derselben Gesetzmäßigkeit der Trägheit wie der Eiskunstläufer bei der Pirouette. Wie dieser sich um so schneller um sich selbst dreht, je enger er die Arme an den Körper legt, um so mehr beschleunigt sich auch Luft, die in die engere Drehachse eines Tiefs einströmt. Wenn die Luft dagegen Hochdruckgebiete umfließt, kann sie auch bei steilerem Luftdruckgefälle nicht auf höhere Geschwindigkeiten kommen. Da nämlich der Luftdruck vom Hoch aus nach außen abfällt (als ob eine Straße in der Kurve auf der Innen- statt auf der Außenseite überhöht worden wäre), wird die Luft nach außen aus der Bahn getragen und vermindert dabei ständig das Luftdruckgefälle. Der Wind umläuft so mit geringerer Geschwindigkeit recht weit angelegte Hochdruckkurven bei flacher Hangneigung des Luftdrucks mit «verkehrter» Kurvenbahnüberhöhung.

Das Tief aber kann beliebig eng gekrümmt sein, die Hangneigung beliebig steil, wie bei der gewagtesten Kurve einer Bobbahn. Denn im Tief ist die Kurvenbahnüberhöhung immer «richtigherum». Daher scheinen in den Tiefdruckbahnen der Windgeschwindigkeit keine Grenzen gesetzt.

Nun haben wir bei uns die meisten Stürme im Frühjahr und im Herbst. Warum?

In der Folge über den Wind haben wir die Verbindung von Luftdruckfeldern (Hoch und Tief) mit dem Wind gesehen. In den Bodenwetterkarten werden Hoch- und Tiefdruckgebiete durch die Isobaren eingegrenzt. Isobaren sind Luftdruckwerte, die auf Meeresniveau bezogen sind. Der Wind läuft parallel zu den Isobaren. Er läuft auch parallel zu den Isohypsen, die wir anstelle der Isobaren in den Höhenwetterkarten finden. Isohypsen verbinden jene Punkte in gleicher Höhe, an denen der gleiche Luftdruck herrscht. Für die Herleitung von Windrichtung und -stärke aus den Unterschieden von Luftdruckverteilung haben sie die gleiche Bedeutung wie die Isobaren. Das Luftdruckgefälle verläuft also auch zu den Isohypsen quer, und für einen Westwind finden wir ein Luftdruckgefälle von Süd nach Nord. Von Süd nach Nord haben wir im allgemeinen aber auch ein Temperaturgefälle. Wir nehmen als Beispiel eine Linie, die Mallorca mit Oslo verbindet.

Sehen wir uns eine Reihe von Bildern (Aufrißdarstellungen, Seitenansichten) an. Die Aufrißfläche in Bild 64 soll durch ein Temperaturfeld zwischen Oslo und Mallorca gelegt sein. Mallorca im Süden ist warm, Oslo im Norden kalt. Kalte Atmosphäre zeigt in der Höhe niedrigen Luftdruck (Tief), warme Atmosphäre hohen Luftdruck (Hoch), denn wie alle Körper dehnt sich Luft bei Wärme aus und zieht sich bei Kälte zusammen.

Nach unserer Betrachtung über den Wind sollten wir jetzt verstehen, daß zwischen einem Hoch im Süden und einem Tief im Norden ein Westwind wehen muß, entlang den Isobaren in der Bodenwetterkarte und den Isohypsen in einer Höhenwetterkarte, entsprechend der Ablenkung durch die Corioliskraft. Die Stärke dieses Westwindes hängt von der Neigung des Druckgefälles zwischen Hoch und Tief ab, also auch von der Neigung des Temperaturgefälles. Das Temperaturgefälle aber ändert sich mit den Jahreszeiten. Bild 64 soll eine sommerliche oder winterliche Lage darstellen. In den Übergangsjahreszeiten dagegen wird das Süd-Nord-Temperaturgefälle größer, und damit auch die Neigung einer Gleichdruckfläche. Gehen wir vom Sommer aus! Dann soll unsere

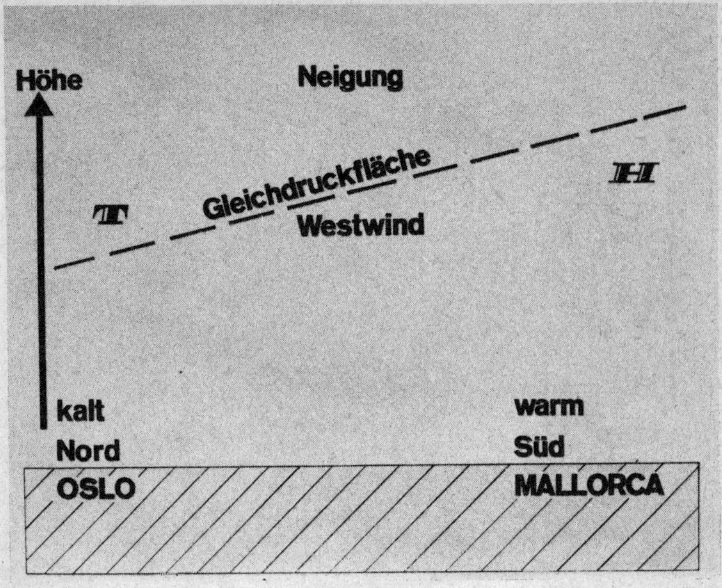

Bild 64: Die Abhängigkeit des Höhenwindes vom horizontalen Temperaturgefälle

Gleichdruckfläche in Bild 65 im Sommer zwischen Oslo und Mallorca die Neigung haben wie die gestrichelte Linie. Aber zum Herbst wird die Neigung der Gleichdruckfläche größer, weil etwa im Oktober (das ist unser typischer Herbstmonat) winterliche Kälte sich in Oslo schon deutlich bemerkbar macht, während es in Mallorca noch warm ist wie zu Ende des Sommers. Also ändert die Linie der Gleichdruckfläche im Herbst ihre Höhenlage über Mallorca noch nicht. Dagegen liegt sie über Oslo tiefer als im Sommer. Die Neigung zwischen beiden Orten hat sich verstärkt, und dazu gehört stärkerer Westwind.

Ganz ähnlich, nur andersherum, beim Übergang vom Winter zum Frühling. Im Winter ist die Neigung der Gleichdruckfläche wieder schwächer; denn beide Orte haben auf ihre Weise winterliche Kälte bekommen. Mallorca ist natürlich immer noch wärmer als Oslo. Aber wer als Tourist im März nach Mallorca fährt, trifft dort bereits den Frühling an, wenn nicht schon den beginnenden Sommer. In Oslo dagegen ist es noch immer kalt. Die Gleichdruckfläche hat sich auf der warmen Seite gehoben (Bild 66). Ob also im Herbst die Gleichdruckfläche im Norden früher absinkt oder im Frühling im

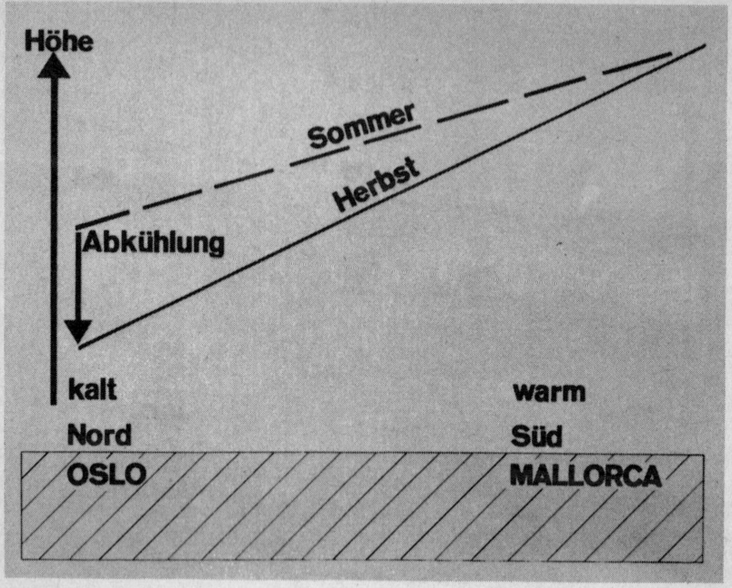

Bild 65: Im Herbst steilt einseitige Abkühlung das Druckgefälle auf

Süden früher ansteigt, in beiden Fällen ist das Resultat eine geneigtere Druckfläche. Dazu gehören die stärkeren Frühjahrs- und Herbstwinde.

Das Druckgefälle, abhängig vom Temperaturgefälle, bestimmt die Geschwindigkeit des Windes, wie das Gefälle eines Wasserlaufs die Geschwindigkeit des fließenden Wasser bestimmt. Wenn die isobare Fläche sich stärker neigt, wird ein Teil der Luft am isobaren Hang zur tiefen Seite (zur kalten, polaren) hin verrutschen, und zwar mit zunehmender Beschleunigung, wie ja auch eine Kugel eine schiefe Ebene rascher hinunterläuft, wenn man ihre Neigung erhöht. Mit der Beschleunigung wird Luft aus dem mittleren Bereich zwischen Tief und Hoch herausgesogen und zur kalten Seite hin verfrachtet (Bild 67). Aber jetzt bekommen wir eine veränderte Luftdruckverteilung im Meeresniveau. In den Bildern 65—66 sind keine Hoch- und Tiefmerkmale in den bodennahen Luftschichten eingezeichnet. Wenn Luft aber in den Übergangsjahreszeiten aus den gemäßigten Breiten (Mitteleuropa) herausgesogen und zu polaren Breiten verfrachtet wird, wirkt sich der Fehlbetrag an Luft als tiefer Bodendruck in den gemäßigten und der Zustrom an Luft als hoher Bodenluftdruck in polaren geographischen Breiten aus. Aber weil wir

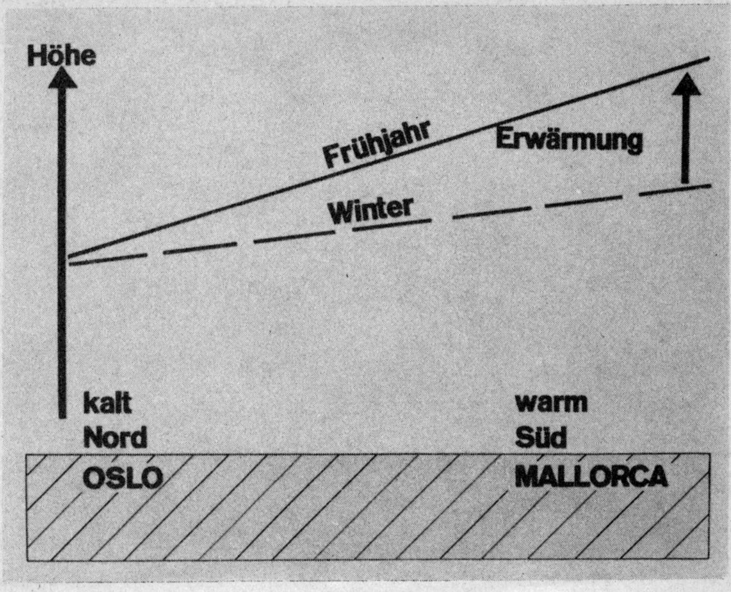

Bild 66: Im Frühjahr steilt einseitige Erwärmung das Druckgefälle auf

am Pol in Kaltluft sind, haben wir oben in der Höhe immer noch, trotz des Luftzustroms, ein T stehen. Wo die Luft aus Mitteleuropa abgezogen wurde, steht auf Meeresniveau T, auch wenn darüber ein reiner Westwind weht. Diese Zuordnung, ein Tief unten und ein Westwind darüber, ist für unser Vorstellungsvermögen nicht so einfach. Das Ergebnis der Verschärfung des nordsüdlichen Temperaturgegensatzes ist jedenfalls: In den gemäßigten Breiten entstehen Wirbel tiefen Drucks.

Die Polkappe hat eine Kaltluftmütze auf. Bei der Beschleunigung zum Pol hin wird ein Teil der gemäßigten Luft zum Aufgleiten auf die kalte Polarluftkappe gezwungen und bildet Wolken und Niederschlag. In der Beschleunigungsphase der Übergangsjahreszeiten wächst also nicht nur der Westwind stärker an, bis zum Sturm, sondern nehmen auch Bewölkungsmenge und Niederschlagshäufigkeit und -menge zu.

Zusammenfassend: Die Verstärkung eines Temperaturgegensatzes bewirkt in den gemäßigten, in unseren Breiten Verstärkung des Windes, Bildung von Tiefdruckgebieten auch in Bodennähe, Wolkenzunahme und Niederschlagszunahme. Wir bekommen unsere Frühlings- und Herbststürme.

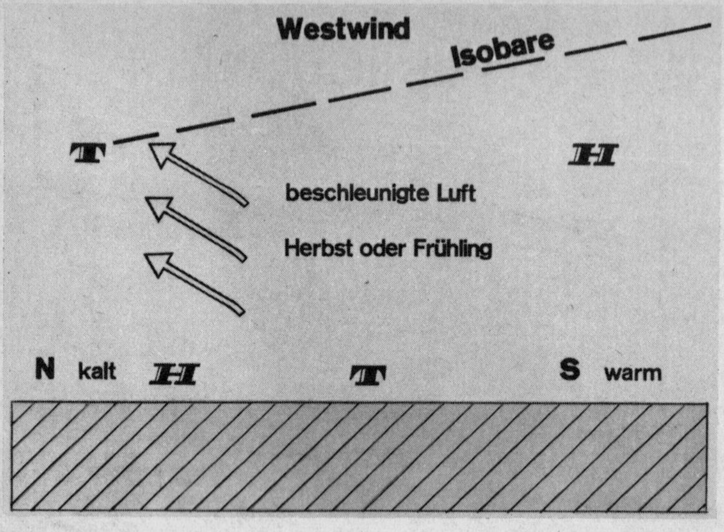

Bild 67: Die zum Pol beschleunigte Luft muß an der polaren Kaltluft aufsteigen wie an einem Gebirge

Bild 68: Grundriß zu Bild 67; es bildet sich eine Tiefdruckrinne in den gemäßigten Breiten, weil bei der Beschleunigung Luft von ihnen zu den Polen hin abgezogen wurde

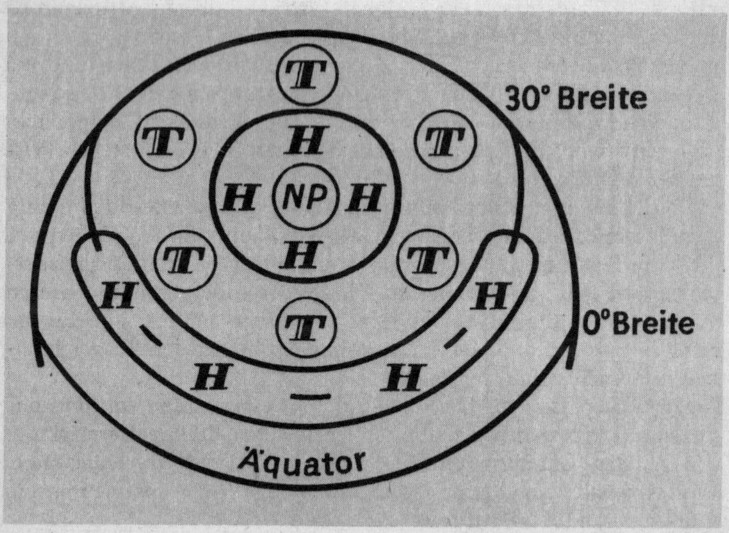

Sehen wir jetzt noch auf eine Wetterkarte (Bild 69), eine Höhenwetterkarte, die die Westwindzone zwischen polarem Tief und subtropischem Hoch enthält. Die schwarzen Linien, die Isohypsen der Höhenwetterkarte, stimmen mit der Richtung des Windes überein. Die Drängung der Linien ist gleichzeitig ein Maß für die Windstärke. In der Höhenkarte liegen die Tiefs dort, wo geographisch die hochreichendste, die mächtigste Kälte erzeugt wird, nämlich am Pol. Die Hochs liegen umgekehrt dort, wo wärmere Luft am mächtigsten produziert worden ist, nämlich in den Subtropen.

In der Bodenwetterkarte ist die Verteilung ein wenig anders. Wir können unsere Bodenwetterkarte (Bild 4) mit einem zentralen Tief vor Schottland in Beziehung zur Höhenwetterkarte (Bild 69) setzen. Das Tiefdruckgebiet der Bodenwetterkarte liegt gerade unterhalb der Hauptwestwindströmung der Höhenwetterkarte. Demnach wird der Westwind in der Höhe das Tiefdruckgebiet in der Bodenwetterkarte nach Osten versetzen. Wir können im großen und ganzen sagen: Wenn das Tiefdruckgebiet der Höhenströmung folgt, hat es eine erkennbare Zugbahnregel, die wieder auf die Ursache des Höhenwindes zurückgeführt werden kann. Das Bodentiefdruckgebiet hat nämlich bei dieser Wanderung die Kaltluft zur linken Hand gelassen und die Warmluft zur rechten.

Wenn man weiß, daß Tiefdruckgebiete so ziehen, daß Kaltluft links und Warmluft rechts bleibt, dann kann man ihre weitere Wanderung nach einer vorliegenden Wetterkarte abschätzen. Je nach Jahreszeit zeigt z. B. auch folgende Feststellung das Verhalten von Tiefdruckgebieten anhand einer Wetterkarte von Europa: Tiefdruckgebiete, die vom Nordatlantik mit Westdrift zu uns kommen, mögen in den Hauptsommerwochen ein zu warmes Mitteleuropa vorfinden. Deswegen müssen sie nach der Rechtsregel Warmluft rechts liegen lassen, also weiter nach Norden abschwenken. Sie kommen dann nicht unmittelbar in unseren mitteleuropäischen Raum.

Befinden wir uns dagegen mitten im Winter, dann ist Mitteleuropa etwa bei Einwirkung der asiatischen Kälte mit Südostwind zu kalt geworden. Nach der Linksregel müssen nun die vom Atlantik kommenden Tiefs über Frankreich durch das Rhonetal ins Mittelmeer ziehen. Im Mittelmeer ist deshalb der Winter die Hauptzeit des Schlechtwetters.

In den Übergangsjahreszeiten verteilt sich die Temperatur in Europa so, wie in den Bildern 65–66 als Normalfall angenommen wurde. Wärme am Mittelmeer, Kälte in Nordeuropa. Unter dieser Voraussetzung ziehen die Tiefdruckgebiete vom Atlantik «geradeaus» zu uns herein. Je stärker der Gegensatz Warm–Kalt im Süd-Nord-Schnitt ist, um so schneller wandern die Tiefdruckgebiete zu

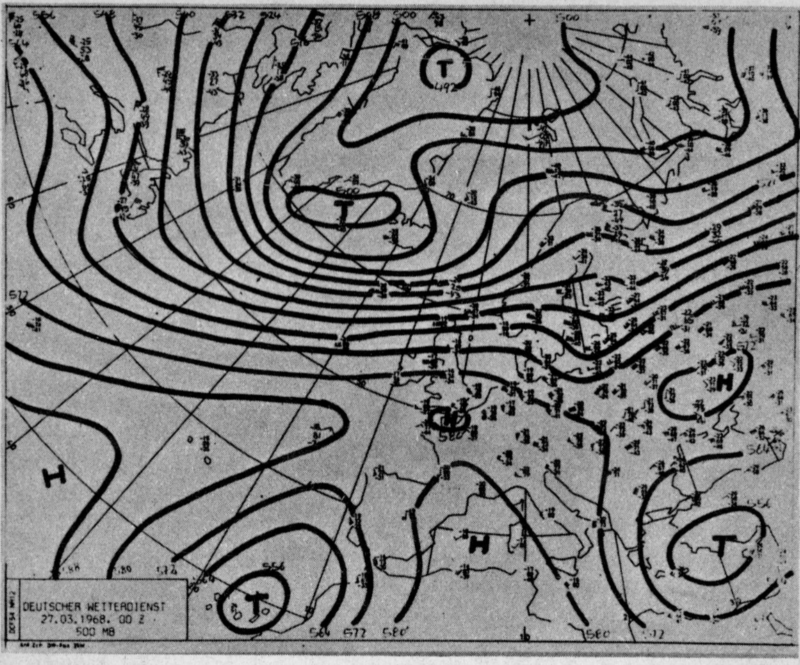

Bild 69: Höhenwetterkarte, Topographie der 500-Millibar-Fläche (rund 6000 Meter hoch); die Isohypsen drängen sich im Frontgebiet zwischen Kalt- und Warmluft

uns und um so energiereicher werden sie. Das trifft besonders für die Monate Oktober und Februar zu. Im Oktober verschärft sich der Gegensatz besonders dann, wenn zu früh Kaltluft im Norden ansteht und über die norwegische See und die nördliche Nordsee in das deutsche Küstengebiet verfrachtet wird. Das führt zu den Oktoberstürmen. Andererseits ist im Februar das Mittelmeer wärmer geworden. Vor allen Dingen kann bei der der Sturmerzeugung vorausgehenden Südströmung Warmluft entlang der europäischen Westküste nach Norden gelangen. Aber Nordeuropa ist noch zu kalt. Der Temperaturgegensatz wird durch diese «frühe» Warmluft verschärft. Auch das kann zu sehr heftigen Sturmtiefs führen, die übrigens in den fünfziger und sechziger Jahren häufiger und heftiger waren als die Oktoberstürme. Es sei nur an den Holland-Orkan vom 1. Februar 1953, an den Hamburg-Orkan vom 16. Februar 1962 und an den Albert-Bermpol-Orkan vom 23. Februar 1967 (benannt nach dem dabei untergegangenen Rettungsschiff) erinnert. Bei diesem, der in der Gegend von Flensburg eine Spitzengeschwindigkeit von 185 Stundenkilometer erreichte, zeigte sich besonders deutlich, wie sehr Temperaturgegensätze an der Entwicklung eines Sturms beteiligt sind: Zwischen Belgien und Irland war in der mittleren Atmosphäre ein Unterschied von 30 Grad, während er sonst für solche Entfernungen 5 Grad zu sein pflegt.

Die häufig bei schweren Küstenstürmen auftretenden Fluten sind dadurch unterstützt, daß die Windgeschwindigkeit über See leicht höher werden kann als über Land, da über See der Reibungseinfluß der Luft auf der Wasseroberfläche geringer ist. Außerdem wirft der Wind über See nicht nur Wellen auf, sondern versetzt auch das Wasser, fegt es sozusagen vor sich her. Dadurch kommt es zu einem Schwall, zu einem erhöhten Pegelstand, der sich bei Übertritt der angestauten Flut auf Flachwasser besonders auswirkt. Auch werden von den Luftdruckfeldern großräumiger Tiefdruckgebiete stehende Wellen verschiedenster Wellenlänge und Wellenhöhe erzeugt. Und schließlich spielen auch noch die Gezeiteneinflüsse eine gewichtige Rolle. Am gefährlichsten ist das gleichzeitige Auftreten von Springflut (wenn die Anziehungskräfte von Sonne und Mond sich summieren) und Spitzengeschwindigkeit des Sturms. Die Flutkatastrophe in Holland 1953 und die in Hamburg 1962 waren gerade durch die Mitwirkung der Gezeiten so verheerend groß geworden.

Natürlich herrscht beim Durchzug eines Sturmtiefs nicht immer Westwind vor. Oft ändert der Wind seine Richtung mit dem Durchlauf des Tiefs sprungartig an zugehörigen Wetterfronten. Typisch ist, daß bei Beginn eines Sturms, also vor dem eigentlichen Sturmtief, ein zunehmender Südwind auftritt, der sich dann bei schneller Vertiefung des Sturmtiefs auf West einstellt, später auf Nordwest dreht und dabei die Westflanke des Bodentiefs entlangströmt. Auf der «Rückseite» eines Tiefs, das erst am Ende des Tiefdruckdurchzugs bei der Beobachtungsstation wirksam wird, entfaltet sich der Sturm besonders gern zum vollen Orkan.

Bild 70: Ein «deutscher» Tornado über der Nordsee

Tornado

Neben einem Sturmtief mit seiner sehr breiten Ausdehnung über tausend oder mehr Kilometer gibt es nun auch Wirbel, die sehr viel engräumiger sind, ohne daß sie an Heftigkeit den großen Sturmtiefs nachstehen. Am bekanntesten sind die tropischen Wirbelstürme, die im Süden von Nordamerika, in Südostasien und über Insulinde auftreten können. Der Name «tropische Wirbelstürme» sagt, daß sie in der Nähe des Äquators beheimatet sind und uns Mitteleuropäer nicht behelligen. Es gibt aber weitere Wirbel, allerdings viel kleinräumigere, die sich gelegentlich auch bei uns in Deutschland einstellen und außerordentlich verheerend sein können. Das Unglück von Pforzheim im Juli 1968 hat gezeigt, welche Schäden derartige kleinräumige Wirbel, meist in Verbindung mit Gewitterfronten, anrichten. Im allgemeinen erscheinen ähnlich dimensionierte Wirbel

Bild 71: Typischer Tornado über der amerikanischen Prärie

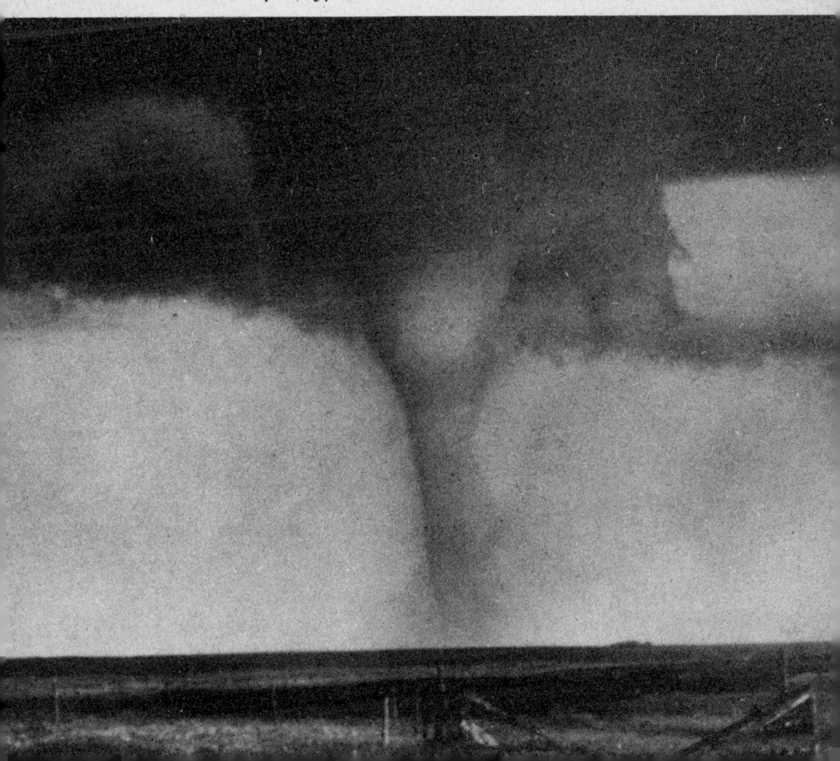

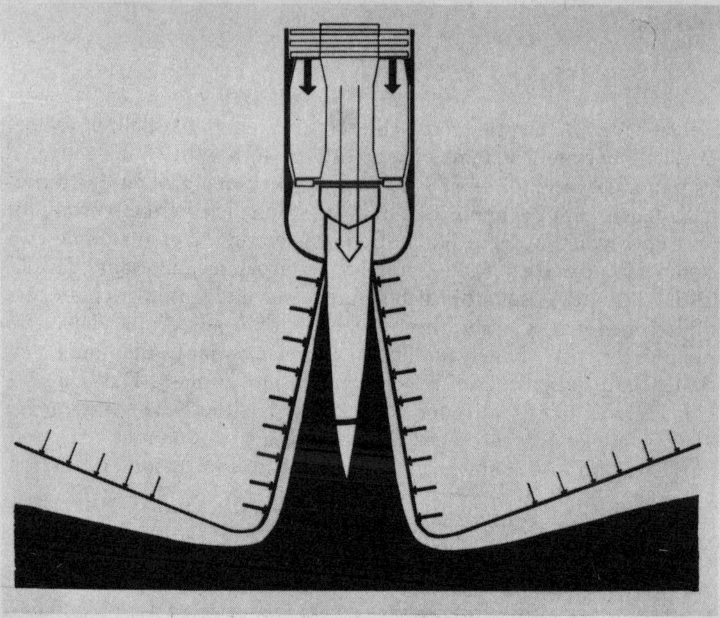

Bild 72: Luftfahrtversuch mit einem Düsentriebwerk, der auch als Tornadomodell dienen kann; abwärts gerichteter Luftstrom hell, Mischluft dunkel; die Pfeile geben den Zulauf von der Seite an; der Trichter unten ist der «Wandstrahl», auch in der Natur

bei uns (bei überhitztem Untergrund) als Windhosen, mit einer Ausdehnung von nur einigen 10, höchstens 50—100 Metern. Ausnahmsweise, eben wie im Fall Pforzheim, kann es auch bei uns zu Tornados kommen.

Tornados sind fast ausschließlich in Nordamerika beheimatet. Sie haben eine Ausdehnung von 100 oder mehr Metern, dauern nur 10—20 Minuten und hinterlassen Trümmerfelder: umgestürzte und abgekappte Bäume, Wracks von Autos, die durch die Luft gewirbelt oder von umfallenden Baumstämmen zerschmettert wurden, abgedeckte Häuser, ausgedehnte Windbrüche in den Wäldern. Wie sieht nun die meteorologische Erscheinung aus, die soviel Schaden anrichten kann?

Alle Tornadobilder zeigen den kennzeichnenden Wolkenrüssel. In dem Rüssel selbst ist ein keilförmiger Teil unmittelbar unterhalb der Wolke deutlich nach unten markiert. Er berührt kaum den Boden. Um diesen keilförmigen Teil liegt im unteren Drittel ein Mantel, der

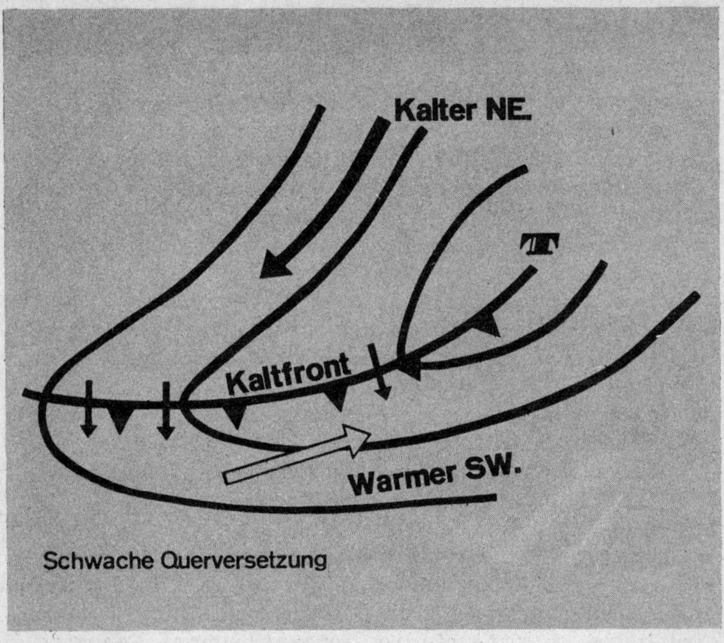

Bild 73: Beliebte synoptische Wetterlage zur Voraussetzung von Tornadoentstehung; wichtig ist, daß die kalte Nordostluft (NE) sehr trocken und die warme Südwestluft (SW) sehr feucht sein muß

wie eine schleierartige dünne Wolkenmanschette aussieht. Als drittes läßt sich ein Wirbeltrichter erkennen, in dem Wasser oder Staub und Steine oder Holzstücke hochgerissen werden.

Diese Teile kann man auch bei einem ganz anders gerichteten Laboratoriumsversuch wiedererkennen. An der Technischen Universität in Berlin wurde untersucht, wie die Luftströmung unterhalb eines Triebwerkes für Senkrechtstarter aussieht, wenn das Triebwerk während der Startphase seinen Luftstrom senkrecht nach unten auf den Erdboden fallen läßt, wobei auch die Luftströmung an den Randbedingungen des Erdbodens mit betrachtet wurde (Bild 72). Auch das Triebwerk stößt, ähnlich wie bei unserem Wolkenrüssel, einen Luftstrom, man könnte sagen, einen Strahlstrom, nach unten aus. Dieser Luftstrom zeigt sich keilförmig nach unten zugespitzt, so wie der weiße Keil am Tornadorüssel. Innerhalb dieses Luftkeils herrscht offenbar geringerer statischer Luftdruck als in der Umgebung. Deswegen schießt von der Seite Luft auf den keilförmigen

Düsenstrom. Gleichzeitig kreist der angesogene Luftmantel um den Antriebsstrahl. Der Unterdruck, der im Bereich dieses herabsinkenden Keils entsteht, kühlt die von beiden Seiten heranströmende Luft, weil sie sich wegen des Unterdrucks bei Annäherung an den Keil ausdehnen muß. Daher kondensiert die umgebende Luft aus und erzeugt einen schleier- oder wolkenartigen sichtbaren Mantel um den Luftaustrittskeil. Zuletzt schlägt der erste Luftkeil auf den Boden auf, wird zur Seite gerissen und spritzt trichterartig an den Seiten herauf, wird aber auch hier wieder in die entsprechende Wirbelbewegung einbezogen.

Genauso verhält sich ein Tornado. Dabei nimmt er sehr viel Wasser oder Staub mit oder dreht in Forsten oder Siedlungsgebieten alles mögliche ab und reißt es mit sich. Wirbel- und Abwärtsgeschwindigkeit der Luft im Tornadorüssel oder in seiner Nähe erreichen eine Geschwindigkeit von schätzungsweise 200 Metersekunden; das sind zwei Drittel der Schallgeschwindigkeit.

Wann kann es nun zu einem Tornado kommen? Erstens muß eine sehr starke horizontale und zyklonale Windscherung im tornadoanfälligen Gebiet vorhanden sein. Unter Windscherung verstehen wir, daß in engerem Raum der Wind markant seine Richtung ändert, etwa aus einer Nordostrichtung kältere Luft in die Nähe feuchtwarmer Luft gebracht wird, die ihrerseits aus Südwesten (Bild 73) stammt. Die scharfe Grenze zwischen zwei Luftmassen unterschiedlichen Wärmeinhalts ist gern als Kaltfrontfläche markiert, in einer Wetterkarte als Kaltfrontlinie. Die Kaltfront selbst wandert sehr langsam, weil die Winde vorzugsweise kaltfrontparallel, aber entgegengesetzt verlaufen. Die Querwindkomponente zur Kaltfront bleibt dagegen sehr klein. Dazu kommt, daß die eine Luft nicht nur kälter ist als die andere, sondern daß die kalte Luft gleichzeitig eine außerordentlich trockene Luft ist. Sie läuft über Land über einen von Sonnenstrahlung angeheizten Untergrund, z. B. in den Mittagsstunden eines Frühsommertags, zu welchem Termin sie etwa an die Kaltfront gelangt ist. Somit muß die Tornadotätigkeit meistens in den Nachmittagsstunden erwachen und sich bis in die Abendstunden hinziehen.

Die der Kaltfront gegenüber aufmarschierte warme Luft muß für die Tornadoentwicklung feucht sein. Gerade diese Bedingung sehr warmfeuchter Luft gegen kühlere Luft von Norden, die, von unten her angeheizt, nun besonders trocken ist, diese Bedingung ist schärfer und weitaus häufiger in Nordamerika erfüllt als in Europa. Deswegen sehen wir solche gefährlichen meteorologischen, fast unheimlichen Erscheinungen bei uns ziemlich selten, sagen wir, nur alle Jubeljahre (sechs bis acht Jahre) einmal. Der amerikanische

Kontinent dagegen ist nach Norden und Süden jedem Vormarsch extrem temperierter Luft offen ausgesetzt. Die großen Gebirge ziehen die geographischen Längenkreise entlang und lassen Ost- und Westluft, also gerade gemäßigte Luft, nicht in den Kontinent herein. Aber nördliche Luft kann ungehindert sehr weit als Kaltluft, die im Frühling und Frühsommer bei Tage angeheizt und ausgetrocknet wird, nach Süden gelangen, bis hin in die Niederungen der Mississippimündung. Hier begegnet ihr eine sehr warmfeuchte Luft aus dem Süden, vom mexikanischen Golf her. Im Grenzraum der beiden gegensätzlichen Luftsorten entstehen gern Tornados. Am meisten werden folgende Staaten betroffen: vor allem Kansas, dann aber auch Oklahoma, Arkansas, Missouri, Tennessee, Alabama, Georgia und Florida, nach Norden zu mit abnehmender Häufigkeit.

Und nun zur Entstehung eines Tornados im einzelnen: Wenn wir in einer Badewanne das Wasser mit der Hand zur Rotation bringen, indem wir die eine Wandseite in einer, die andere Wandseite in entgegengesetzter Richtung entlangfahren, dann erzeugen wir einen

Bild 74: Das Barogramm zeigt in seinem zeitlichen Verlauf die räumliche Form des Wirbeltrichters eines Tornados

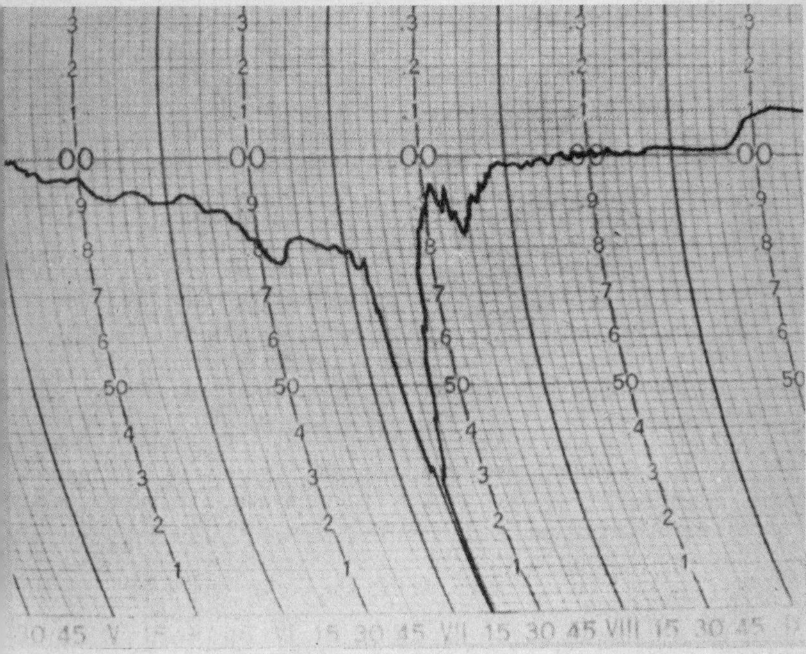

Wirbel, der den atmosphärischen Tiefdruckwirbeln entspricht. Wenn wir dann den Ausflußstöpsel der Badewanne heben, dann wird der Umlaufsinn in der Badewanne kleinräumig auf den eigentlichen Ausflußteil übertragen und im Ausflußteil eine sehr große Verwirbelung zeigen. In diesem Wirbel senkt sich die Oberfläche des Wassers. Die im Barogramm (Bild 74) eingezeichnete Kurve könnte man beinahe als das Oberflächenprofil des Wasser während des Ausflußwirbels ansehen. Der Wasserspiegel steht außerhalb des Wirbels höher, senkt sich zum Innern ab und steigt an den Rändern wieder an. Unser Barogramm ist aber das Luftdruckbild in der Nähe eines Tornados. Der Luftdruck fällt ganz scharf zum Rüssel des Tornados und steigt sehr symmetrisch dann auch wieder zu den Rändern hin an, bis die Normalmarke erreicht wird. Dabei bedeuten die Luftdruckwerte, die als Maßskala dieses Diagramms benutzt sind, amerikanische Einheiten des Drucks. In den bei uns gebräuchlichen Luftdruckeinheiten Millibar bedeutet der Luftdrucktrichter des Diagramms einen Unterschied von 30–40 Millibar zwischen Normal oben und der unteren, man möchte fast sagen, «rüsselartigen» Spitze des Barogramms. Wenn ein solcher auch im Luftdruck wirksamer Tornadorüssel über die Landschaft entlang seiner Zugstraße tastet und dabei etwa über ein Haus gelangt, dessen Fenster und Türen geschlossen sind, dann kann der Innendruck des Hauses, zunächst noch Normaldruck, sich nicht schnell genug mit dem abnehmenden Druck des herannahenden Rüssels ausgleichen. Bei 40 Millibar Luftdruckdifferenz explodiert das Haus, Fenster und Türen springen heraus, wenn nicht ganze Wände umgerissen werden, wie das in Pforzheim geschehen ist.

Im Vergleich zwischen Versuch mit Wasserverwirbelung und Tornadowirklichkeit fehlt uns eigentlich noch, obwohl von der für die Natur vorauszusetzenden Windscherung gesprochen wurde, die zweite notwendige Bedingung, warum es überhaupt zur engräumigen Verwirbelung kommt, nämlich das Öffnen des Ausflußlochs der Badewanne. Welche Erscheinung in der Natur entspricht dem? Hier müssen geographische Darstellungen zur Erklärung beitragen. In der feuchtwarmen Luft, die der trocken-kalten begegnet, bilden sich gern Gewitter. Deren Wolken steigen turmartig auf. Am Rand zur Kaltluft, die diesen Wolkentürmen unmittelbar benachbart ist oder gar unter ihnen liegt, passiert etwas Besonderes, was gerade mit der Trockenheit der benachbarten Kaltluft zusammenhängt und mit dem Umstand, daß eben diese trockene Kaltluft vom Erdboden her merklich erwärmt wird. Es wirkt damit an den Rändern der Wolkentürme sehr starke Verdunstungsabkühlung. Die Wolkenränder kühlen sich ab, weil die Wolkentröpfchen sehr schnell in die benachbarte trockene Luft hinein verdunsten. Dadurch entstehen in halber Höhe der Wol-

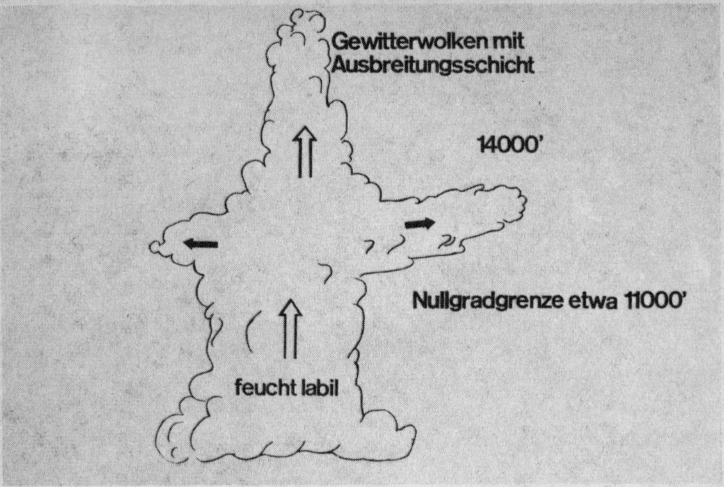

Bild 75: Labile Gewitterwolke. Die Verdunstungsabkühlung der Wolke an ihren Rändern unterstützt ihre seitliche Ausbreitung (schwarze Pfeile: abgekühlte Luft, helle Pfeile: aufschießende Warmluft; 14 000 Fuß Höhe: 4260 Meter, 11 000 Fuß: 3360 Meter)

Bild 76: Infolge der Verdunstung an der seitlichen Ausbreitungsbank der Gewitterwolken entstehen nach unten durchhängende Windbeutel mit schwerer Turbulenz darin (8000 Fuß: 2440 Meter)

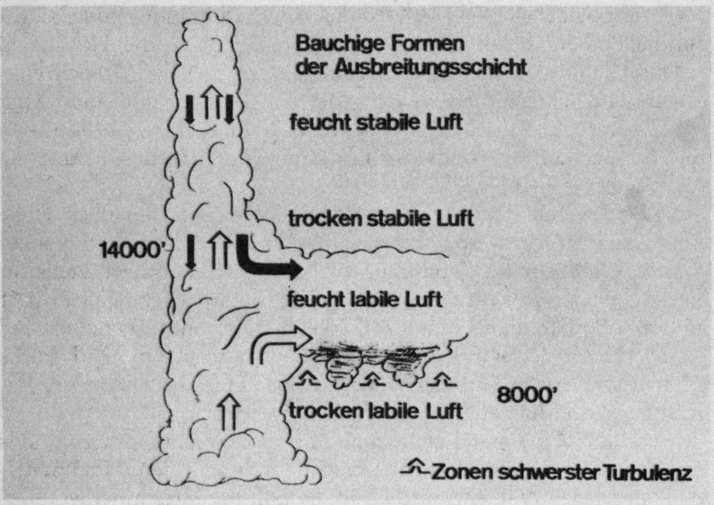

Bild 77: Typische Unterseite an einer Ausbreitungsbank des Gewittersturms; sie bildet sich nur, wenn die Luft darunter sehr trocken ist

kentürme gern Ausbreitungszonen der Wolkentürme in die Nachbarschaft hinein (Bild 75).

Die angegebene Höhenskala ist die in der internationalen Luftfahrt übliche Einheit in Fuß. Der hochgestellte Strich an der Höhenzahl bedeutet Fuß, also hier 14 000 Fuß, dort 11 000 Fuß. Einem englichen Fuß entsprechen 0,305 Meter. 14 000 Fuß sind dann 4270 Meter und 11 000 Fuß 3355 Meter. (Die Bilder 75–76, 78–79 sind für eine Luftfahrtstudie zur Erklärung von Tornados in Amerika vorbereitet worden.)

Bild 76 veranschaulicht die Ausbreitungsstelle in halber Höhe eines Wolkenturms. An ihr sehen wir unterhalb der Wolke sogenannte Windbeutel (Mammatus-Wolken), die manchem vielleicht hier und da an Wolkenrändern, besonders bei aufziehendem Gewitter im Frühsommer nach längerer Trockenheit, schon aufgefallen sind (Bild 77). An dieser Stelle ist die Luft sehr turbulent. Auf solche «Zonen schwerster Turbulenz» wird in der Luftfahrt besonders mit den nebengezeichneten Markierungen hingewiesen.

Wenn die Windbeutel etwa zum Anfangsstadium eines Tornados entarten sollen, nämlich dadurch, daß auch aus den Mammatus-Wolken wieder Wolkentröpfchen in die Luft darunter hineinverdunsten, müssen sie sich durch einen solchen Prozeß weiter abkühlen. Dann entarten die Windbeutel zu Trichterwolken (Bild 78). Bildet sich die Ausbreitungsschicht zwischen zwei Wolkentürmen und wächst sie so zu einer gemeinsamen Ausbreitungsfläche nach den Seiten zusammen, so wird diese laufend von beiden Wolkentürmen beschickt, zumal, wenn sich die Ausbreitungsschicht abwärts in den Trichtersack entleert. Das wirkt dann wie der herausgezogene Stöpsel der Badewanne und entartet schließlich in den Tornadorüssel. Da wir ja eine Scherung der Winde haben (da diese aus unterschiedlichen Windrichtungen kommen), erfüllt sich die Ausgangsbedingung für die Bildung eines kleinräumigen Wirbels, die Bildung eines Tornados.

Der Wolkentrichter in der Ausbreitungszone zwischen benachbarten Wolkentürmen ist schon ein sehr gutes Anzeichen für die spätere Ausbildung des Tornadorüssels. Die Trichterwolke hat deswegen in der internationalen meteorologischen Symbolsprache ein besonderes Symbol bekommen, um auf die Gefahr, die bei ihrem Erscheinen im Verzug ist, aufmerksam zu machen. Bild 78 zeigt den Endzustand: aus der Wolke die nach unten herausschießende Luft, bei enger Nachbarschaft der Wolkentürme ein zweiter oder gar ein dritter Wolkenrüssel.

Bild 78: An einer Wolkenbank zwischen zwei Gewitterwolken werden Trichterwolken begünstigt, wenn Luftströme aus zwei im Linksdrehsinn gegenläufigen Bewegungsrichtungen eindringen (26 000 Fuß: 7930 Meter, 14 000 Fuß: 3965 Meter)

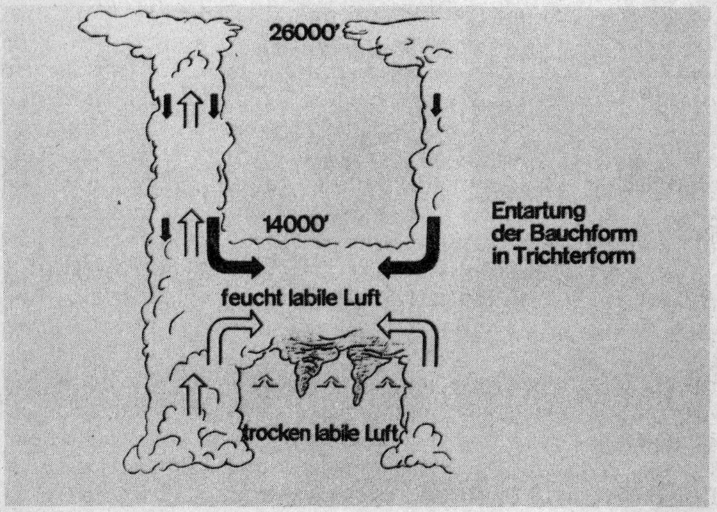

Bild 79: Aus dem Wolkentrichter ist ein Tornado entstanden

In den Staaten Nordamerikas, in denen Tornados häufiger sind, gibt es «Luftschutzbunker», die bei Tornadowarnsignalen aufgesucht werden. Solche Vorkehrungen gibt es bei uns nicht. In Deutschland, in Europa überhaupt, verlaufen die Gebirge vorzugsweise breitenkreisparallel, also in West-Ost-Richtung, und schirmen daher im Unterschied von Nordamerika den Zusammenstoß gegensätzlich temperierter Luft ab. Die Mittelmeerluft als feuchtwarme Luft muß im allgemeinen die hohen Alpen überschreiten, bevor sie nach Deutschland gelangt. Aber während der Hebung der Luft auf der Alpensüdseite geschieht, was wir in der Folge «Auf- und Abwinde» bereits gesehen haben. Die Luft bildet am stauwärtigen Gebirgshang Wolken. Die Wolken regnen meistens aus. Damit wird der Luft Feuchtigkeit entzogen, und es fehlt der Mittelmeerluft, die zu uns gelangt, im allgemeinen die eine der obengenannten Voraussetzungen, feuchtigkeitsreich zu sein. Nur sehr selten kann es vorkommen, daß sehr feuchte Luft mit Südwind durch das Rhonetal westlich der Alpen nach Norden versetzt wird und dann genau durch die recht enge Burgundische Pforte hindurch in die Oberrheinische Tiefebene gelangt. Diese Voraussetzung mag gerade bei dem Tornado in Pforzheim erfüllt gewesen sein. Die zweite Voraussetzung wäre dann aber noch, daß relativ trockene, nordöstliche Luft herankommt, nachdem sie (meist im Spätfrühling oder Frühsommer) von unten angewärmt wurde, damit eine scharfe Gegensätzlichkeit zur Mittelmeerluft nach Luftkörpereigenschaft und Windscherung vorliegt. Vielleicht gibt es derartige Bedingungen in Südwestdeutschland sogar seltener als in Norddeutschland, das trockener kalter, aber unterwärts angewärmter Luft offen zugänglich ist, allerdings erst, wenn die Wassertemperatur der Ost- und Nordsee hinreichend hoch geworden ist, und das ist mehr im späten Sommer der Fall.

Die Windscherungen haben bei uns sehr selten die Ausgangslage zu einer so verheerenden Verwirbelung wie im Fall Pforzheim. Sie mit Sicherheit und auf Auswirkung abzuschätzen, ist nahezu unmöglich. Warnungen auf Verdacht hin, denen nur ganz ausnahmsweise eine wirkliche Gefahr folgt, würden aber sehr bald «in den Wind geschlagen» werden.

Bild 80: Das Auge eines Hurrikans

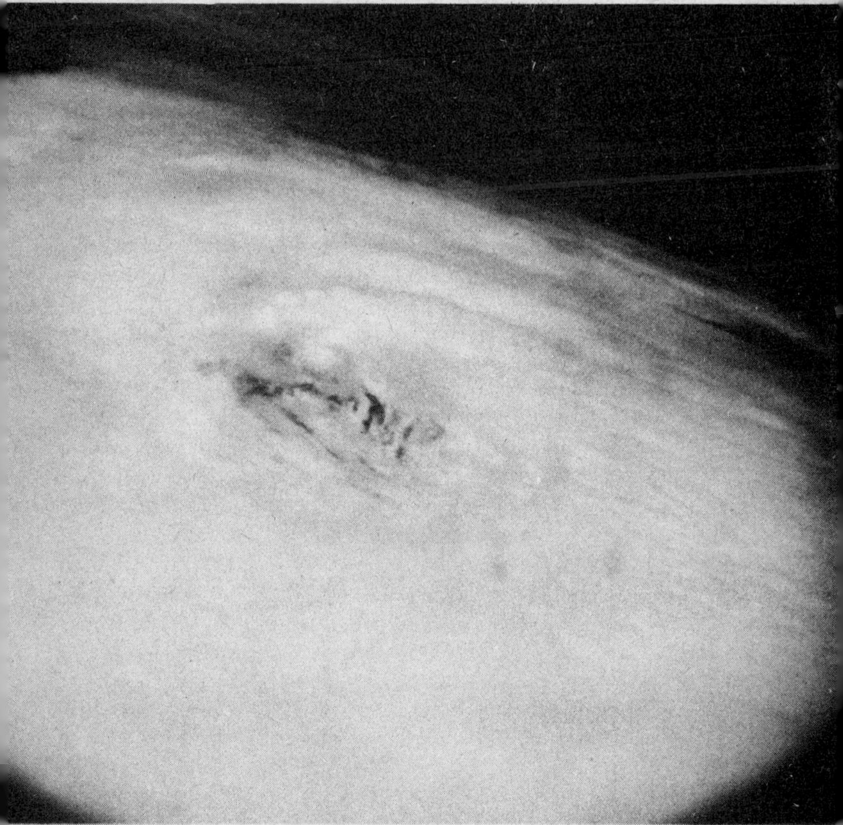

Nachwort

Der vorliegende Band enthält in gedrängter Form zum Nachlesen und Erinnern den Inhalt von dreizehn je halbstündigen Fernsehsendungen des NDR. Es ist verständlich, daß ein Teil der anschaulichen Breite der Fernsehdarstellungen verlorenging, aber unter redaktioneller Mithilfe des Verlags habe ich versucht, durch präzisere Formulierungen möglichst alle Ausführungen des Bildungsprogramms verständlich darzustellen.

An dieser Stelle möchte ich der Leitung des Dritten Fernsehprogramms des NDR dafür herzlichst danken, der Sendung «Meteorologie» in ihrem Bildungsprogramm einen Platz eingeräumt zu haben, der, wie ich annehmen darf, dem öffentlichen Interesse entgegenkam; denn dem Einfluß des Wetters kann sich niemand ganz entziehen, auch wenn es manchmal anders ausfällt, als man es vorher erwartete.

Besonderer Dank gebührt auch dem Zentralamt des Deutschen Wetterdienstes, dem Seewetteramt und dem Meteorologischen Institut der Freien Universität Berlin für freundliche Überlassung von zahlreichem Anschauungsmaterial.

Freundlichen Rat und großzügige Unterstützung fand ich auch bei den Herren Prof. Reiter, Colorado Universität, Fort Collins, Prof. D. Fultz, Universität Chicago, und Prof. Marshall, McGill-Universität, Montreal.

Allen Instituten, ihren Herren Leitern und den amerikanischen Kollegen sei herzlichst gedankt.

Hamburg, Mai 1969

H.-J. Tanck

Literaturhinweise

Aus der umfangreichen Literatur über Meteorologie sind hier nur solche Werke genannt, die das Thema auf ähnlich allgemeinverständliche Art behandeln oder bei etwas höheren Anforderungen an den Leser zu eigentlich wissenschaftlicher Betrachtung überleiten oder die Wetterkunde für praktische Sonderzwecke darstellen.

Populäre Darstellungen:

Waldemar von Dazur: *Jeder spricht vom Wetter.* Tips für Reise, Urlaub, Camping. (List-Bücher 312.) 157 S. – München: Paul List Verlag 1967.

Henry Hoek: *Wetterkunde.* (Hallwag Taschenbücher Bd. 9.) 104 S. – Bern: Hallwag Verlag, Neuauflage 1965.

Ludwig Kapeller: *Sonne, Wolken und Wind.* Das Buch der Meteorologie. 254 S. – Berlin: Safari-Verlag 1959.

Joachim Landeck: *Aus der Wunderwelt des Wetters.* 251 S. – Frankfurt: Deutsche Landwirtschafts-Gesellschaft-Verlags-GmbH o. J.

Siegfried Schöpfer: *Wie wird das Wetter?* Eine leichtverständliche Einführung in die Wetterkunde. (Kosmos Naturführer.) 181 S. – Stuttgart: Franckh'sche Verlagshandlung, 17.–25. Tausend 1965.

Das Wetter. Von Philip D. Thompson, Robert O'Brien und der Redaktion von LIFE. (LIFE – Wunder der Wissenschaft.) 200 S. – Amsterdam: Time-Life International 1966.

Darstellungen mehr wissenschaftlicher Art:

Louis J Battan: *Radar und Wetter.* Radar als meteorologisches Hilfsmittel. (Natur und Wissen. Bd. 22.) 188 S. – München: Verlag Kurt Desch 1962.

— : *Wetter und Stürme.* Die Physik der Winde. (Natur und Wissen Bd. 17.) 195 S. – München: Verlag Kurt Desch 1961.

Hermann Flohn: *Vom Regenmacher zum Wettersatelliten.* Klima und Meteorologie. (Kindlers Universitäts Bibliothek.) 256 S. – München: Kindler Verlag 1968.

Heinz Reuter: *Die Wissenschaft vom Wetter.* (Verständliche Wissenschaft Bd. 94.) 146 S. – Berlin: Springer-Verlag 1968.

K. Schneider-Carius: *Wetterkunde, Wetterforschung.* Geschichte ihrer Probleme und Erkenntnisse in Dokumenten aus drei Jahrtausenden. (Orbis academicus Bd. 9.) 423 S. – Freiburg: Karl Alber 1955.

Darstellungen für Sonderinteressen:

Willy Eichenberger: *Flugwetterkunde.* Ein umfassender Lehrgang. (SV-Fachbücher.) 358 S. – Zürich: Schweizer Verlagshaus, 3. Auflage 1966.

Willy Hellpach: *Geopsyche*. Die Menschenseele unter dem Einfluß von Wetter und Klima, Boden und Landschaft. 282 S. – Stuttgart: Ferdinand Enke Verlag, 7. Auflage 1965.

Walter Stein: *Wetterkunde für Segler und Motorbootfahrer*. (Kleine Yacht-Bücherei Bd. 8.) 165 S. – Bielefeld: Klasing & Co., 2. Auflage 1967.

C. E. Wallington: *Meteorologie für Segelflieger*. 256 S. – Frankfurt: Wilhelm Limpert-Verlag 1967.

Register

Quellennachweis der Abbildungen

USIS: 6, 29/Institut für Meteorologie und Geophysik der Freien Universität Berlin: 8, 9/NDR, Hamburg: 15, 21, 26, 27, 79, 118, 123/Ute Biedermann, Hamburg: 16, 18, 22, 24, 30, 31, 34, 35, 37, 38, 41, 42, 48, 50, 51, 56, 59, 60, 63, 64, 67, 68, 71, 72, 74, 75, 80, 91, 93, 95, 96, 98, 99, 100, 101, 104, 111, 112, 113, 114, 120, 121, 125, 127, 128/Deutscher Wetterdienst, Zentralamt Offenbach: 10, 11, 88, 116/Aerologische Station Schleswig: 12/Hans-Joachim Tanck, Grossenwiehe: 28, 29, 47, 65, 87, 89, 90, 92, 126/H. Dietrich, Rosenheim: 44/Friedrich Krügler, Hamburg: 62/Günter Brinkmann, Hamburg: 66, 94/Helmut Bange, Meppen: 78/Photo Deutsches Museum München: 84/U.S. Department of Commerce, Weather Bureau: 119

sachbuch rororo

Das Wetter

- Die Bestandteile des Wetters
- Physik und Chemie der Atmosphäre
- Die Winde der Welt
- Kreislauf des Wassers
- Methoden der Wettervorhersage
- Die Zukunft der Meteorologie

Einführung von Prof. Dr. Rudolf Schulze, Deutscher Wetterdienst, Meteorologisches Observatorium Hamburg, Präsident der Deutschen Gesellschaft für Lichtforschung.

Nicht von ungefähr ist Wetter das beliebteste Gesprächsthema, nicht nur in Verlegenheitssituationen. Als ein wesentlicher Bestandteil unserer Umwelt reizt es zu immerwährender Beschäftigung. Stimmung, Gesundheit, ja sogar die wirtschaftliche Lage des Menschen hängen von ihm ab. Der Mensch bemerkte daher schon bald, daß Klassifikationen wie «es ist schön» oder «ein Sauwetter» nicht hinreichen, wenn er sich in seiner Wetter-Umwelt zurechtfinden wollte. Voraussage und Beeinflussung dieser entscheidenden Lebensbedingung wurden sein Ziel. Dieses Buch schildert die Auseinandersetzung mit dem Wetter bis hin zum heutigen Stand der Meteorologie mit ihrem eindrucksvollen Instrumentarium: Wettersatelliten, Radaraufklärung, Ballonsonden, Laserdiagnose, Computer ... Ein ungeheurer Datenfluß geht zwischen den Wetterstationen hin und her und zeichnet ein immer schärferes, detaillierteres Bild der Wetterzukunft. Reiche, farbige Bildinformation begleitet den Text dieses Bandes. Wie vieler Worte bedürfte es sonst, um Tornados und Blizzards, Gewitter, Blitz und Hagelschlag, Nebel, Tau und Föhn zu beschreiben!
30. Tausend. rororo LIFE Band 10

631/1

rororo sachbuch Sachbücher

KRISTINA AHLMARK-MICHANEK
Jungfrauenglaube und Doppelmoral
Die Streitschrift einer jungen Schwedin gegen die Vorurteile in unserer Sexualmoral und Sexualerziehung [6620]

SIMONE DE BEAUVOIR
Das andere Geschlecht
Sitte und Sexus der Frau. Ungek. Ausg. [6621–24]

J. D. BERNAL
Wissenschaft. Science in History
[Okt. 1970]
Band I: Die Entstehung der Wissenschaft. Mit 128 Abb. und 3 Karten [6743–47]
Band II: Die Wissenschaft und die industrielle Revolution. Mit 117 Abb. und 1 Karte [6748–52]
Band III: Die Naturwissenschaft der Gegenwart. Mit 109 Abb. [6753–57]
Band IV: Die Gesellschaftswissenschaften. Mit 95 Abb. und 1 Karte [6758–62]

ERIC BERNE
Spiele der Erwachsenen
Psychologie der menschlichen Beziehungen [6735/36]

ERICH BLECHSCHMIDT
Vom Ei zum Embryo
Die Gestaltungskraft des menschlichen Keims. Eine Einführung in die Humanembryologie. Mit 97 teils mehrfarb. Abb. [6730–32]

GEORGI BORISOWSKI
Form und Uniform
Die Gestaltung der technischen Umwelt in sowjetischer Sicht. Mit 13 mehrfarbigen und 45 einfarbigen Abb. [6644/45]

ARNOLD BUCHHOLZ
Die große Transformation
Gesellschaftliche Zukunftserwartungen und naturwissenschaftlich-technischer Fortschritt. Mit 15 Zeichnungen [6717]

C. W. CERAM
Enge Schlucht und Schwarzer Berg
Entdeckung des Hethiter-Reiches. Mit über 100 Abb. im Text und auf Kunstdrucktafeln [6627/28]

EGMONT COLERUS
Vom Einmaleins zum Integral
Mathematik für jedermann [6692/93]
Vom Punkt zur vierten Dimension
Geometrie für jedermann [6694/95]
Von Pythagoras bis Hilbert
Die Epochen der Mathematik und ihre Baumeister. Geschichte der Mathematik für jedermann [6696/97]

ALEX COMFORT
Der aufgeklärte Eros
Plädoyer für eine menschenfreundliche Sexualmoral [6637]

EDWIN DIAMOND
Schlafen – wissenschaftlich
Wie und warum wir träumen [6604]

ERIK H. ERIKSON
Der junge Mann Luther
Eine psychoanalytische und historische Studie [6733/34]

GERALDINE LUX FLANAGAN
Die ersten neun Monate des Lebens
Nachwort von Adolf Portmann. Mit 115 ungewöhnlichen Abb. [6605]

BETTY FRIEDAN
Der Weiblichkeitswahn
oder Die Selbstbefreiung der Frau. Ein Emanzipationskonzept [6721/22]

ALLAN FROMME
Der Sexual-Report
Mit 41 mehrfarbigen und 28 einfarbigen Abb. [6662/63]

WILHELM FUCKS
Formeln zur Macht
Prognosen über Völker, Wirtschaft, Potentiale [6601]

121/23–23b